孔明管理學

古代謀士的現代企業經營法

結合古代戰略到現代管理理論
從三國到商界的智慧轉化

秦搏 著

當「諸葛亮」碰上「現代企業管理」，會發生什麼奇蹟！
職場文化和團隊合作也能套用古代戰略？

揭密諸葛孔明的管理智慧，現代管理與古代策略的完美融合！
古今智慧聯動，建構卓越的領導與團隊管理策略！

目錄

目錄

有能耐才有人三顧茅廬

罪過罪過！如果說諸葛亮是個好主管，真是汙辱了他。想那諸葛孔明，隆中對策，胸羅天下；聯吳抗曹，識見獨到；草船借箭，手法高明；空城設計，涉險不亂；七擒七縱，義薄雲天；揮淚斬謖，法紀嚴明；輔佐幼主，盡忠守信；臨終遺策，妙算無遺；盡瘁而終，竭心職守……這豈止是僅僅一個「主管」所能做到的？

可是諸葛亮畢竟不是老闆，不然劉備又算是什麼呢？就算是「扶不起的阿斗」，也是老闆，誰能說半個「不」字？另一方面，諸葛亮又與關、張兩人不同：對「蜀漢」而言，當然是孔明功勞最大，但關、張是老闆的結義兄弟，感覺有點像是合夥人，諸葛亮卻又不在其中。雖然無論征戰時身為軍師、還是建國後身為丞相，尤其是後者，更像是一個「主管」，但這主管不是一般主管，是一個至高無上的「主管」——高層或高階主管。幸好諸葛亮其人其能、其名其實，仰之彌高、俯之彌深；又豈止是一個職稱所能影響得了的！

廢話少說，我們言歸正傳。

傳說劉備雖是東漢中山靖王之後，出身皇族，又有「匡扶漢室」的雄心偉志，但一無地盤，二少人馬，三缺謀士，一時間也如風中漂絮、水上浮萍，左依右靠，寄人籬下，無可如何。就說謀士吧！好不容易有個徐庶（徐元直），但還是被同樣愛才如命又老謀深算的曹操算計，把劉備折磨得寢不安眠、食不甘味。所幸徐庶雖然至孝近愚，卻忠奸分明，雖不能不去曹操那裡侍奉老母，心卻在劉備這邊。所以，離開新野不久，又策馬而回，來了個「走馬薦諸葛」，使劉備轉憂為喜，並引導他一往再往，直至三往，「三顧茅廬」請孔明。

劉備前往聘請諸葛亮，行動神速：「引眾將回至新野，便具厚幣，同關、張前去南陽請孔明。」一顧見不到，「三人回至新野，過了數日，玄德使人探聽孔明。回報曰：『臥龍先生已回矣。』玄德便教備馬。……再往訪孔明。……時值隆冬，天氣嚴寒，彤雲密布。」這二顧又沒見到，劉備三人只好「回望臥龍岡，悒怏」而歸。

三顧比二顧晚了幾天，已是冬去春來的時光——「玄德回新野之後，光陰荏苒，又早新春」。但這一次，卻更為莊重、虔敬。「乃令卜者揲蓍，先擇吉期，齋戒三日，薰沐更衣，再往臥龍岡謁孔明」。這一次雖然見到了諸葛亮，但過程卻也有些曲折——於是三人乘馬引從者往隆中。離草廬半里之外，玄德便下馬步行，正遇諸葛均。玄德忙施禮，問曰：「令兄在莊否？」均曰：「昨暮方歸。將軍今日可與想見。」言罷，飄然自去。玄德曰：「今番僥倖得見先生矣！」張飛曰：「此人無禮！便引我等到莊也不妨，何故竟自去了！」玄德曰：「彼各有事，豈可相強？」三人來到莊前叩門，童子開門出問。玄德曰：「有勞仙童轉報：劉備專來拜見先生。」童子曰：「今日先生雖在家，但今在草堂上晝寢未醒。」玄德曰：「既如此，且休通報。」吩咐關、張二人，只在門首等著。玄德徐步而入，見先生仰臥於草堂几席之上。玄德拱立階下。半晌，先生未醒。關、張在外立久，不見動靜，入見玄德猶然侍立。張飛大怒，謂雲長曰：「這先生如何傲慢！

見我哥哥侍立階下，他竟高臥，推睡不起！等我去屋後放一把火，看他起不起！」雲長再三勸住。玄德仍命二人出門外等候。望堂上時，見先生翻身將起，忽又朝裡壁睡著。童子欲報。玄德曰：「且勿驚動。」這一等不要緊，又是一個時辰。之後，「孔明才醒」，醒來後吟了那首我等後生在京劇裡聽了不知多少遍的「草堂春睡足」詩，然後才問童子，問明後又去更衣，「又半晌，方才衣冠出迎」。這一次，劉、關、張三兄弟總算見到了這位深藏不露的臥龍先生。

「三顧茅廬」是羅貫中筆下一篇花團錦簇的絕世文章，是《三國演義》最為精彩的部分。這件事，貫中先生迤邐寫來，跨越三回，倒像是一場多麼了不起的大戰役。但這絕非時下一幫文人硬把領結拉成裹腳布，以多換幾個大錢的伎倆，而是確有必要，不如此，則諸葛亮之形象會黯淡幾分。如此大肆鋪陳、曲折敘寫，則諸葛亮之才幹、名望皎然如見，數百年後也才叫人感喟 —— 有能耐才有人三顧茅廬。

放眼時下社會，人才已成為最重要的資源之一；與之相對，就業又是最嚴重的問題之一。人才、就業，指向同樣是人，但有人被求之若渴，有人被棄之不用，原因何在？就在於有沒有學識、才幹。有本領，就有人獵頭、挖角，即使自己找上門去，也會被奉如上賓，然後誠心延聘，登堂入室，主其大事；缺少技能，即使自己四面出擊，恐怕也多是四處碰壁，別說是當主管，就連普通員工恐怕也不太可能。

主管在現代企業中，往往處於承上啟下、由此及彼的關鍵位置，是企業生存與發展的中堅力量，既是老闆決策發表的幫手，又是決策執行的旗手。那麼，對現代企業的主管來說，什麼才算得上「有能耐」？也就是說，當一個合格的主管，需要具備什麼樣的素養和能力？

就素養而言，主管要充滿自信，這是一股強大的心理動力，主管要靠它來驅動團隊面向目標、挑戰逆境、跨越艱險、克服挫折，從而走向成功；主管要心態積極，這種心態具有很強的輻射作用，主管要靠它來影響團隊成員，以積極的心態做好每天的工作，並迎戰一切消極、負面的東西；主管要勤懇任事，換言之，要特別多操心、多做事，要有表率和示範作用；主管要沉著穩重，如果遇事急躁慌張，不僅自己容易出錯，更會影響整個團隊的工作，因此主管要控制好自己的情緒，同時提高團隊成員的積極度，埋葬他們的消極情緒；主管要勇於負責，無論從上級那裡接受重任，還是出了問題需要承擔責任，主管都應敢作敢為，這樣才能贏得上司的信任和下屬的尊重，同時也帶出一個負責任、有作為的團隊來。

就能力而言，主管要事事謀劃在先，制定指向任務目標的實施計畫，並將下屬的行為納入計畫之中，步調一致地邁向目標；主管要善於分工、排程，察人所長、用人所長，分工明確、排程有方，充分發揮每個人的作用，並追求團隊成員全體的倍增效應；主管要善於啟發、激勵，使團隊成員既能發揮其最佳才智，也能在最佳狀態下工作，並持之以恆；主管要善於溝通表達，一方面要把上司的意見準確傳達，把自己的意見充分表達，並且即時與下屬、同僚溝通，互換資訊、交換意見、交流心得；主管要時時注意培養人才，不論是規範性的培訓還是言傳身教，不論是品德的模塑還是技能的培育，都要納入視野，以使企業在人才這個最重要的資源上，永遠都有源頭活水。

臺灣前首富之一王永慶，是台塑集團的董事長，在他的竭力經營下，台塑躋身世界化工業的前 50 名。台塑獲得如此輝煌的成就，與王永慶的用人之道分不開。為了台塑的發展，王永慶求賢若渴，一旦發現人才，他會不惜一切代價、竭盡全力挖掘到台塑來。有一個人，對台塑的發展立下了汗馬功勞，曾經讓王永慶「五顧茅廬」，他就是曾在臺灣金融界聲名顯赫的丁瑞鉠。

1964年，王永慶經過一番調查研究，發現遍布山林的枝梢殘材有無限商機，只要對它們進行化學處理，就可以成為高價值的纖維。主意一定，王永慶立即著手投資建立化學纖維公司。但是，資金的欠缺卻讓王永慶投資、興辦公司的計畫，一時間無從實施。後來，一位朋友向王永慶力薦一位能人，他就是丁瑞鉠。丁瑞鉠早年在日本商科大學就讀，後回臺灣，曾擔任過董事長、副總經理等要職。他在金融方面學識淵博，資訊靈通，交際甚廣。王永慶求賢若渴，立即親自上門聘請丁瑞鉠。

王永慶一探訪，二拜見，三進謁，孰料「三顧茅廬」都沒有說服成功。無論王永慶如何曉之以理、動之以情，也無論提供多麼優厚的待遇，丁瑞鉠就是不為所動。但王永慶並沒有就此止步，他深信「精誠所至，金石為開」。後來，王永慶再度登門拜訪丁瑞鉠，向他描述台塑的發展遠景，誠摯表達了自己求賢若渴的心情，申明台塑今後的拓展離不開丁瑞鉠這樣的人才。

最後，當王永慶「五顧茅廬」時，丁瑞鉠終於被他的真誠所打動，答應「出山」。後來，丁瑞鉠多方營運資金，終於使資金順利到位，並為台塑解決了一系列的難題，從而成為台塑發展的有功之臣。

再舉一例：有一天，法國一間製衣公司的總經理獨自徘徊街頭，只見他步履沉重，滿面愁容，一副心事重重的樣子。原來，他的公司在現代製衣企業界的激烈競爭中瀕臨破產，他正為此而心焦、憂慮，苦苦思索著使企業起死回生的良方。

不經意間，他已信步走進街旁的一家製衣店。四下打量，這家製衣店店面不大，只能算是一間小店。待他環顧店裡四周陳列的服裝樣品時，卻立刻被那些服裝的樣式深深吸引。只見那些服裝設計新穎，款式獨特，美觀大方，每款都透射出現代、時尚的氣息，給人一種春風撲面的感覺。這位總經理久久駐足，陷入沉思。

回到公司，這位總經理一直念念不忘這家店。憑著多年累積的服裝經營經驗，他心中認定：如果自己的製衣店能夠銷售與那家小店相同款式的服裝，那麼公司一定能生意興隆。於是，他便派人打探情況。原來那家製衣小店是一位名叫西蒙尼的年輕人開的，他既是小店的經營者，同時又是一位服裝設計師。他曾經在法國最大的服裝公司設計服裝，他所設計的服裝美觀實用，再加上製衣工藝出類拔萃，因而小店的服裝暢銷國內外。

總經理了解情況後，心裡非常激動，他知道，一個公司最重要的資源就是人力資源，如果能夠挖掘到這樣的人才，那麼，他的這間製衣公司，就能在企業競爭的大潮中破浪前行，不被翻覆。於是，這位總經理親自登門拜訪西蒙尼，誠懇邀請他「出山」，加盟自己的公司。但是西蒙尼拒絕了，因為他認為自己開的製衣店生意興隆，而且憑著自己的設計才能，製衣店擁有足夠的競爭優勢，因此沒有必要去大公司任職。

第一次碰了壁的總經理並沒有灰心，他決意「二顧茅廬」，結果，仍然被一口回絕。總經理求賢若渴，並沒有就此作罷，「三顧」了「茅廬」。這一次，西蒙尼被這位總經理的赤誠邀請深深打動，終於走出自己的「茅廬」，邁進這間製衣公司的大門。

好主管首先要敬業

諸葛亮是《三國演義》中塑造最為成功的人物，也是三國歷史上最受後人崇敬的人物。雖說那個「大意失荊州」的關二爺在後世聲名顯赫，進入了神的行列，被奉為與「文聖人」孔子比肩的「武聖人」，又被稱為「關聖帝君」，但無論對民間百姓、還是對士人學子來說，還是諸葛亮來得更具影響力、也更有魅力。

諸葛孔明是個謀略家，那本領真的是潑天也似的大。但說來奇怪，後人最為敬重的，卻是他「鞠躬盡瘁，死而後已」的精神與態度。這「鞠躬盡瘁，死而後已」，用簡單的話來說，就是恪盡職守，也就是敬業。而正是這敬業的品格，才讓諸葛孔明先生「贏得身前身後名」、「長使英雄淚滿襟」！有詩為證：

撥亂扶危主，殷勤受託孤。

英才過管樂，妙策勝孫吳。

凜凜出師表，堂堂八陣圖。

如公存盛德，應嘆古今無！

話說劉備在永安宮染病不起，病勢漸漸嚴重，便遺詔託孤，灑了幾許無奈之淚，說了甚多殷勤之語，悵恨而逝。早有魏軍探知此事，報給魏主曹丕。這曹丕便要發兵攻蜀，剛被賈詡勸下，卻有一人從班部中奮然而出。此人不是別人，正是《三國演義》八十五回後，與諸葛亮鬥智鬥勇的焦點人物——司馬懿。司馬懿主張五路進兵，四面進攻。曹丕採納他的意見，聯兵五路，直奔蜀地。

五路軍馬，甚是厲害，後主劉禪聽罷大驚，只能急忙派人宣召孔明入朝。要是在平常，孔明恐怕不等宣召，早就趨前而來，此次卻不知為什麼，左請不來、右請不來，直到勞動了皇帝的大駕、親至相府。使命去了半日，回報：「丞相府下人言，丞相染病不出。」後主轉慌；次日，又命黃門侍郎董允、諫議大夫杜瓊，去丞相臥榻前，告此大事。董、杜二人到丞相府前，皆不得入。杜瓊曰：「先帝託孤於丞相，今主上初登寶位，被曹丕五路兵犯境，軍情至急，丞相何故推病不出？」良久，門吏傳丞相令，言：「病體稍可，明早出都堂議事。」董、杜二人嘆息而回。次日，多官又來丞相府前伺候。從早至晚，又不見出。多官惶惶，只得散去。杜瓊入奏後主曰：「請陛下聖駕，親往丞相府問計。」後主即引多官入宮，啟奏皇太后。太后大驚，曰：「丞相何故如此？有負先帝委託之意也！」……

次日，後主車駕親至相府。門吏見駕到，慌忙拜伏於地而迎。後主問曰：「丞相在何處？」門吏曰：「不知在何處。只有丞相鈞旨，教擋住百官，勿得輒入。」後主乃下車步行，獨進第三重門，見孔明獨倚竹杖，在小池邊觀魚。一向忠誠盡職的諸葛亮，這次為何如此自大？原來，司馬懿聯合的四路兵馬已被他退去，只剩下孫權一路，且已有退兵之計，只需一人出使，但還沒有找到合適的，正想著呢！「陛下何必憂乎？」

好一個「陛下何必憂乎」！

羅貫中的《三國演義》問世數百年來，有人質疑、有人翻案。比如有人說寫諸葛亮「借東風」，近乎巫師，頗可置疑;有人說寫曹操太過奸詐，實該翻案。但《三國演義》寫諸葛亮敬業，則無可質疑，難以翻案。「鞠躬盡瘁，死而後已」般的敬業，中外古今，恐怕諸葛亮當推第一，說「諸葛亮是個好主管」，這敬業程度可算是最有分量的砝碼之一。

無論是對公共管理機構、社會事業部門，還是對企業組織來說，無論是三百六十行中的哪一個行業，敬業都是每個人所必需的。站在人類社會發展史的高度來看，敬業可以說是社會發展的動力；是社會財富累積的源泉；也是社會文明程度的象徵之一。反過來說，如果我們的祖先都「三天打魚，兩天晒網」般吊兒郎當，恐怕現今的我們，要喝濃稠點的西北風，也沒那麼容易；而這樣的社會，必然文明不到哪裡去，投資的重量級人物們，個個怕是避之唯恐不及。或許有人會說，現在強調「敬業」，不過是大大小小的老闆們，企圖要員工多做事、自己多賺錢的陰謀詭計。但茲事體大，絕非這個企圖可以涵蓋，不得不用一個相當的高度來看待，否則，最終虧蝕的不僅是企業，也包括個人。

諸葛亮是敬業的模範，對「敬業」一事有著相當深刻的認知，一句「鞠躬盡瘁，死而後已」，道盡個中滋味。他事必躬親，又分工明確、調度有方，該自己做的事，主動去做；該別人做的，只是多加督促，主而管之。他勤勞任事，絕無一絲怠惰、拖延，從不臨機生事、討價還價（除了隱居南陽、勞動別人枉駕三顧那次）。他精通術業，無論是拜軍師還是任丞相，職責所在範圍內的種種事務，他無不精通。放眼魏、蜀、吳三國，像他這樣身具卓絕才幹的，只有一個因大意（恐怕也算不敬業吧？）而命喪落鳳坡的鳳雛龐統。他堅持職守，兢兢業業，數十年如一日，直到臨終遺策、身死五丈原。

簡而言之，諸葛亮的敬業，就是主動、勤勞、精業、堅持。有此四者，足稱敬業。但諸葛亮還有一點，就是當敬業的表率，也當敬業的師爺——教導屬下敬業。不說別的，只要說到兩篇〈出師表〉，不僅對當時的人，就是千古之後，也不禁讓人油然生敬、衷心讚嘆。

敬業，才能勤業、精業、成大業；

敬業，則個人發達、社會發展、國家強盛！

「陛下何必憂乎？」如果我們的主管能真誠而負責地說「老闆何必憂乎？」；我們的成員能真誠而負責地說「社會何必憂乎？」；我們的公民能真誠而負責地說「國家何必憂乎？」則個人幸甚、企業幸甚、社會幸甚、國家幸甚！

傑克．威爾許（Jack Welch）自 1980 年成為美國奇異公司（GE）的執行長，直到 2000 年任期屆滿，一直都是執行長這個角色的最佳楷模。在其輝煌成就的背後，我們能夠尋覓到他的成功因素之一，就是敬業。

威爾許在 GE 走馬上任以來，就把「獲取企業的高成長業績」視為自己職業生涯中，占支配地位的主旋律。為此，他「閃電式」地進行一系列改革，大刀闊斧「砍掉」GE 的臃腫機構。由此，他獲得了一個「爆炸性」很強的稱號——「中子彈傑克」。

用中子彈爆破「割掉肥肉」後，企業經營管理就必然要走一條新路，於是，威爾許開始在經營管理上殫精竭慮、廢寢忘食。在公司管理方面，威爾許實行嚴格管理，《財星》雜誌（*Fortune*）曾稱其為「最嚴厲的老闆」。為了掌握企業的經營管理，他的行程表排得滿滿的，他說：「我喜歡拚命戰鬥，直到失敗為止。」而威爾許的家庭也不得不像他的車輪那樣，適應其緊張而充實的工作行程表。

威爾許具有一種不達目的絕不罷休的工作作風，他的經營理念之一，便是堅持。在一次 X 光機和電腦斷層掃描器客戶面談會上，威爾許聽說競爭對手生產的真空管，使用壽命是 GE 產品的兩倍之多，便雷霆大怒，直接把負責經理找來，命令他要造出使用壽命是現在四倍的真空管。為此，四年多裡，威爾許每天都調閱有關這件事的進度報告。有時，他一絲不苟地在報告上寫讚賞的話語或中肯的建議；有時，他又緊急召見相關人員。最後，這場戰役的戰果是：真空管竟可耐用到 15 萬～ 20 萬次掃描，超過原有產品的十幾倍。

正是威爾許這種竭力、盡心、鍥而不捨的敬業精神，使 GE 獲得輝煌的成就，也讓他自己贏得「20 世紀最佳經理人」的稱號。

再舉一個例子：松下幸之助是說服別人的能手，但有一次，他竟然被一個「無名小輩」說服了！而且還不是被說服去做意願的事，而是本來不想做、且多次回絕的事情。之所以會出現這樣的「奇蹟」，就在於說服松下的那個人，具有與松下一樣的盡心盡職、百折不撓、勇於進取的敬業精神。那人是日本住友銀行的一名職員。

在松下公司還沒那麼赫赫有名時，住友銀行已經是金融界的重量級角色。當時的松下公司，互相來往的銀行，主要是一家「十五銀行」，同時也和「六十五銀行」有所來往。就松下當時的經營情況來說，沒有必要和別的銀行新增往來。

可就在此時，一位住友銀行的職員卻硬是「纏」上了松下。這位職員任職於住友銀行在松下電器公司附近新開設的分行，由於近水樓臺，他多次登門拜訪松下，卻都被松下禮貌地婉拒了。

這位住友分行的職員十分有耐心，為了讓住友銀行爭取到松下這位客戶，經過半年到一年左右的時間，在屢被拒絕的情形下，他仍然不時造訪松下。松下覺得這樣拖下去似無益處，於是決定斷然拒絕，讓那位行員徹底放棄。當松下向他明確陳述自己的觀點後，對方卻仍像從前一樣，對松下的看法表示贊同，同時又說為了松下電器將來的發展，還是可以和住友來往，他請松下先生不必立刻做出決定，慎重考慮以後再說，並說他會再次拜訪。

不久，這位職員果然又來拜訪了，一如既往地誠懇訴說松下電器和住友銀行來往的益處，懇求松下答應他的請求。最後，這位職員終於說服了松下。正是銀行職員那種強烈的敬業精神，讓松下感動，不知不覺產生親近感，才走到了一起。雖然之後的談判條件，又經過幾番波折，但那位行員總算爭取到他預期的目的。也正因為與住友的合作以及給予松下的優厚條件，才讓松下公司順利度過了 1927 年的危機。

肩膀就是用來挑擔子的

想那臥龍先生未出山之前，南陽躬耕，〈梁父〉徐吟，好不清閒、好不自在。但自從上了劉家的非賊船（用正統人士的說法，曹操那艘才是賊船），就把千鈞重擔挑上了肩頭，從此再未放下，直至身死命殞；不，身死命殞之後，他仍然步履踉蹌地把這個擔子扛了些時日——靠他的計謀，以及靠他網羅、培養的人才。

劉備三顧茅廬之前，隱居臥龍岡的諸葛亮肩膀上便有一個分量不輕的擔子，那就是匡時濟世、治國安邦的抱負。只是尚未出山時，這擔子有點空虛；出山後，這擔子則具體了許多。勇挑重擔是諸葛亮的品格，也應該是現代企業主管的品格；同樣，勇於承擔責任是諸葛亮的修養，也應該是現代企業主管的修養。

話說劉備請諸葛亮出山，茅廬三顧、泣淚數下，孔明見其意誠，便說：「將軍既不相棄，願效犬馬之勞。」便跟劉、關、張出了臥龍岡。從此，諸葛亮挑起了劉氏集團「興復漢室」的重擔，一挑就是近二十年。

光陰易逝、人易老，二十年過去，魏主曹操已經過世，其子曹丕繼位稱帝，劉備也在痛失關、張二弟之後，病染白帝城的永安宮。劉備自知不久於人世，便請諸葛亮等人來「聽遺命」，安排後事：「且說孔明到永安宮，見先主病危，慌忙拜伏於龍榻之下。先主傳旨，請孔明坐於龍榻之側，撫其背曰：『朕自得丞相，幸成帝業；何期智識淺陋，不納丞相之言，自取其敗。悔恨成疾，死在旦夕。嗣子孱弱，不得不以大事相托。』言訖，淚流滿面。……傳旨召諸臣入殿，取紙筆寫了遺詔，遞與孔明而嘆曰：『朕不讀書，粗知大略。聖人云：鳥之將死，其鳴也哀；人之將死，其言也善。朕本待與卿等同滅曹賊，共扶漢室；不幸中道而別。煩丞相將詔付與太子禪，令勿以為常言。凡事更望丞相教之！』孔明等泣拜於地曰：『願陛下將息龍體！臣等盡施犬馬之勞，以報陛下知遇之恩也。』先主命內侍扶起孔明，一手掩淚，一手執其手，曰：『朕今死矣，有心腹之言相告！』孔明曰：『有何聖諭？』先主泣曰：『君才十倍曹丕，必能安邦定國，終定大事。若嗣子可輔，則輔之；如其不才，君可自為成都之主。』孔明聽畢，汗流遍體，手足失措，泣拜於地曰：『臣安敢不竭股肱之力，盡忠貞之節，繼之以死乎！』言訖，叩頭流血。先主又請孔明坐於榻上，喚魯王劉永、梁王劉理近前，吩咐曰：『爾等皆記朕言：朕亡之後，爾兄弟三人，皆以父事丞相，不可怠慢。』言罷，遂命二王同拜孔明。二王拜畢，孔明曰：『臣雖肝腦塗地，安能報知遇之恩也！』」

這一回書，羅貫中命為「劉先主遺詔託孤兒」。在這裡，對於劉備的臨終所託，諸葛亮無一絲推託地接受。這是一個怎樣的重擔啊！而諸葛亮又是多麼地願意挑這重擔啊！

對初出茅廬的諸葛亮，劉備「以師禮待之」，似乎只是供其隨時請教的一個老師，擔子好像並不太重。等到博望坡初用兵，劉備付以劍印，這「師」就成為軍師。以後的十餘年間，諸葛亮的身分一直是軍師。在劉備自領益州牧後，他任職軍師；劉備進位漢中王後，他仍舊任職軍師。到了劉備稱帝，諸葛亮方才換了頭銜，任職丞相。但跟了劉備以後，不論是任軍師還是當丞相，諸葛亮肩上的擔子是一樣的，即「總理軍國大事」。好在劉備在時，這位皇叔還有些賢德，能夠收攬人心、化解糾紛，給諸葛亮不少幫助。劉禪少德無能，不僅不能給予幫助，倒屢有掣肘之事，諸葛亮肩上擔子不知增加了多少分量。

諸葛亮受先帝劉備遺命以後，竭心盡力，蜀中無事，軍民日漸滋養，有了北伐（這也是遺命交給他的重擔之一）的條件，便揮師北上。不料誤用馬謖（這是諸葛亮唯一未能盡聽劉備的一點），痛失街亭。一番「危機管理」之後，蜀軍安然回到漢中，諸葛亮揮淚斬了馬謖，便上表請求辭去丞相職務，「自貶三等，以督厥咎」，承擔失誤的責任。後來劉禪在侍中費禕的諫說之下，「詔貶孔明為右將軍」。諸葛亮受詔貶職之後，費禕怕他「羞赧」，便用他的功勞 —— 拔四縣、得姜維來寬慰，諸葛亮先是變色曰：「是何言也！得而復失，與不得同。公以此賀我，實足使我愧赧耳。」後是怒曰：「兵敗師還，不曾奪得寸土，此吾之大罪。量得一姜維，於魏何損？」求咎自責之意，溢於言表。

諸葛亮的擔子既是老闆給的，也是他心甘情願承擔的。在臥龍岡的茅廬裡，他說「願效犬馬之勞」；在白帝城的永安宮裡，他先說「盡施犬馬之勞」，次說「竭股肱之力」，再說「肝腦塗地」，一步深入一步，牢牢地把擔子扛在肩上。

也正是由於諸葛亮勇於挑重擔，劉備才逐漸將軍國大事全都託付給他，由他全權謀斷、處置；也才會在臨終時遺詔託孤，不僅把軍國大事委託於他，把江山社稷委託於他，還把寡妻幼子委託於他。

身為主管，不僅要在有事時勇挑重擔，更要在出事時勇於承擔責任，把失誤、失敗等等的責任也放在自己的肩頭。諸葛亮既是前者的表率，又是後者的模範。失街亭固然是馬謖的錯，但諸葛亮自覺難辭其咎，上表自貶三級以示負責，並表現出深深的懊悔。在整個事件中，諸葛亮只處理了馬謖一人，此外所有的責任都攬在自己身上，再無一人因此而被牽連。諸葛亮就是這樣勇於任事、勇挑重擔，才得到老闆的信任與支持、同僚的欽佩與合作、屬下的敬服與效命。

在任何社會、任何組織，職位與責任都是對應的。一般職位的主管，擔負一般的責任；重要職位的主管，擔負重要的責任，沒有誰可以不承擔相應的責任，而獲得高職位、高薪水。我等承擔的責任，代表我們的能力和水準。勇於承擔責任，即便現時能力尚屬有限、素養還不夠高，但也能在重任之下激發潛力、異軍突起，提高素養、增進能力。我等承擔的責任，預示著我們的前途和錢途。勇於承擔重任，必然會獲得上司的青睞和信任，進而獲得升遷重用，薪資水漲船高也必然是可以預期的事……

自古以來，像諸葛孔明一樣成就大事業、贏得高威望的人，必定都是願意肩挑重擔、勇於承擔責任的人，商如是，政如是，兵如是；為人如是，處事如是，在在如是。

身為全球最大通訊裝置製造商朗訊科技（Lucent Technologies）的女掌門人 —— 魯莎（Patricia Russo），聲名顯赫。但她掌舵朗訊這艘航船，卻是在其風雨飄搖的危難之時。

2001 年對朗訊來說，是災難性的一年，由於發展速度、決策等方面的原因，昔日電信業大廠面臨重重危機，陷入山窮水盡的境地。就在這危急的關頭，2002 年 2 月，朗訊董事會召開會議，決定聘請曾經分管朗訊核心部門的魯莎擔任 CEO。當時魯莎正任柯達公司（Eastman Kodak Company）總經理，可謂位重權高。是勇挑重擔，還是畏葸不前？魯莎毅然選擇了前者，她勇敢接受朗訊這個重擔，把它挑在自己肩上。她說：「我覺得自己多年以來所做的一切，似乎就是在為迎接今天的這份工作做準備。」

剛一走馬上任，魯莎便發揮她雷厲風行的管理風格，對朗訊進行大刀闊斧的改革。她對朗訊的核心業務迅速進行重組，同時出售其他非核心業務，讓企業減肥、精幹。在此基礎上，魯莎又為朗訊規劃未來發展的三個主要業務方向：光通訊、行動通訊、數據通訊網，以便讓朗訊在企業的激烈競爭中，揚長避短、重點出擊。在發展朗訊核心業務時，魯莎針對產品技術嚴格把關，傾心打造朗訊的主力產品。她還制定了向美國以外的市場，尤其是向中國市場傾斜的發展策略，因為她十分看好發展空間很大的中國市場。在其他方面，魯莎也做了一系列重要的改革。

在魯莎兢兢業業的打理下，朗訊的虧損很快大幅度降了下來，利潤也顯著提升，現金流量實現由負轉正。朗訊正是因為有了魯莎這位勇挑重擔的領頭人，才呈現出柳暗花明的新景象。

1978 年，美國洛杉磯市申辦第 23 屆奧運成功。正當洛杉磯市政府為之歡欣鼓舞之時，市議會卻通過了一項不准動用公共基金辦奧運的市憲章修正案。洛杉磯市政府不得已只好向美國政府求援，但出乎意料的是，美國政府也明確表示，無法提供任何經濟援助。萬般無奈下，洛杉磯市政府只好向國際奧委會請求，允許民間私人出面主辦奧運。儘管這個請求讓國際奧委會深感意外，但出於各種原因，國際奧委會還是破例批准了。

要以個人身分主辦奧運，對任何一個主辦者來說，都是千斤重擔。且不說主辦奧運所必要的經濟管理才能、國際事務的豐富經驗，以及個人生活閱歷和對洛杉磯市的熟悉程度等等，單就奧運的鉅額資金，就足以讓人「望而卻步」。洛杉磯市政府經過對主辦者的多次篩選，最後選中了彼得．尤伯羅斯（Peter Ueberroth）。

當時，彼得．尤伯羅斯經營旅遊服務業。他 20 多歲白手起家，經過自己的艱苦打拚，不到 40 歲，就已經是億萬富翁了。面對洛杉磯奧運籌備組發出的邀請，尤伯羅斯知難而進，冒著極大的風險，毅然挑起這個重擔。

尤伯羅斯以 1,060 萬美元的價格賣掉他的旅遊公司，開始奧運籌備這項嶄新的事業。從開戶到租房子、從簽訂合約到實地考察、從了解情況到召開會議，他都親自過問、嚴加管理，為此他殫精竭慮、廢寢忘食。

籌集資金是承辦奧運的一個關鍵。尤伯羅斯決定從提高贊助收入著手。尤伯羅斯認為，產品知名度對商家來說至關重要，在產品知名度的競爭上，商家是不惜花大錢的。有鑑於此，尤伯羅斯提高了奧運贊助費用，規定每一個行業選擇一家，每家至少贊助 400 萬美元。結果，各行業出現各大公司為競爭贊助權，而拚命提高贊助費報價的火熱局面，如日本豐田、美國奇異、柯達、可口可樂、百事可樂……等，紛紛舉牌報價。最後，第 23 屆奧運企業贊助費高達 3.85 億美元，而 1980 年第 22 屆奧運主辦城市莫斯科僅得贊助費 900 萬美元。

經過幾年艱苦的努力，1984 年第 23 屆奧運成功舉行。尤伯羅斯勇挑重擔的大無畏精神和運用市場手法的超人智慧，也在奧運主辦史上，書寫了新的篇章。

出了錯，主管要勇於承擔責任

人生在世，彎著腰工作，總會出錯，只有那些背著手看的人，才有可能遠離錯誤。但顯然，企業組織中，不需要背著手看的人。因此，每一個、尤其是擔負更多責任的人，就要有迎接錯誤的心理準備，出了錯，就要主動承擔責任。主動承擔失誤和失敗的責任，應該是企業管理者的必備素養之一。

古語有云：「人非聖賢，孰能無過？」其實，就算是聖賢，也難免會出錯。諸葛孔明先生應該也算聖賢之一，但也曾經出了錯，而出了錯，能夠主動承擔責任，也不妨入聖入賢。諸葛孔明先生在這個方面，又未曾落在人後，有事實為證：

傳說諸葛亮首次率師北伐中原時，任用劉備臨終叮囑「不可大用」的馬謖，結果失了街亭重地，兵敗而還。回師後，諸葛亮先是賞了趙雲，繼而責了王平，最後揮淚斬了失敗的直接負責人馬謖。針對馬謖之錯，斬前揮淚，斬後又大哭不已。於是，蔣琬問曰：「今幼常得罪，既正軍法，丞相何故哭耶？」孔明曰：「吾非為馬謖而哭。吾想先帝在白帝城臨危之時，曾囑吾曰：『馬謖言過其實，不可大用。』今果應此言。乃深恨己之不明，追思先帝之言，因此痛哭耳！」隨後，諸葛亮自作表文，讓蔣琬「申奏後主，請自貶丞相之職」。蔣琬回到成都，見到後主劉禪，把表交了上去。表曰：「臣本庸才，叨竊非據，親秉旄鉞，以勵三軍。不能訓章明法，臨事而懼，至有街亭違命之闕，箕谷不戒之失。咎皆在臣，授任無方。臣明不知人，恤事多暗。《春秋》責帥，臣職是當。請自貶三等，以督厥咎。臣不勝慚愧，俯伏待命！」後主覽畢曰：「勝負兵家常事，丞相何出此言？」侍中費禕奏曰：「臣聞治國者，必以奉法為重。法若不行，何以服人？丞相敗績，自行貶降，正其宜也。」後主從之，乃詔貶孔明為右將軍，行丞相事，照舊總督軍馬。後來的事情，有趣又有味。諸葛亮在蜀漢威望甚高，照常理推斷，該顧及面子，因此，費禕拿了貶職詔到了漢中，怕諸葛亮覺得丟臉，說了不少安慰的話，但諸葛亮不僅一一頂撞回去，還說出一番道理來。孔明受詔貶降訖，禕恐孔明羞赧，乃賀曰：「蜀中之民，知丞相初拔四縣，深以為喜。」孔明變色曰：「是何言也！得而復失，與不得同。公以此賀我，實足使我愧赧耳。」禕又曰：「近聞丞相得姜維，天子甚喜。」孔明怒曰：「兵敗師還，不曾奪得寸土，此吾之大罪也。量得一姜維，於魏何損？」又曰：「丞相現統雄師數十萬，可再伐魏乎？」孔明曰：「昔大軍屯於祁山、箕谷之時，我兵多於賊兵，而不能破賊，反為賊所破。此病不在兵之多寡，在主將耳。今欲減兵省將，明罰思過，轉變通之道於將來；如其不然，雖兵多何用？自今以後，諸人有遠慮於國者，但勤攻吾之闕，責吾之短，則事可定，賊可滅，功可翹足而待矣。」費禕諸將皆服其論。費禕自回成都。孔明在漢中，惜軍愛民，勵兵講武，製造攻城渡水之器，聚積糧草，預備戰筏，以為後圖。

諸葛亮失街亭一事，可說可道之處頗多，後世的戲曲、曲藝就多有搬演此事的。之所以如此，是它有「戲」，能讓後人從中深入了解孔明，也更能提醒人們，從他的身上汲取經驗、教訓。

街亭之失，直接負責人無疑是馬謖，但身為此戰的最高指揮官，諸葛亮也必須負責，何況其中更有用人之失。這些道理，諸葛亮當然明白。回到漢中之後，他雖說先責王平、後斬馬謖，但我們可以想見他的深深自責——其實，在得知街亭、柳城失守之事時，他就說過「此吾之過也」，只是當時尚非深究此事的時候。「此吾之過也」，既是自責，也是承擔失敗責任的表白。回漢中後，斬了馬謖，事情似乎也可以過去了，但諸葛亮一哭再哭、自責的同時，向小老闆劉禪上表，承擔失敗的責任，並請求處罰。最後的結果雖然也很重要，諸如嚴明軍紀等，但諸葛亮的態度、言行更為可貴，這顯示了他的高潔品德，也展現了他的法紀觀念，強化了他的管理方法。

其實，要做到諸葛亮這樣，並不容易。在現實生活中，我們更常看到的，也許是推諉責任、逃避處罰的主管。這些主管不僅遇事推諉，一旦出了問題，更是躲得無影無蹤，把責任全推到同事、部屬的身上。他們自以為聰明，其實卻糊塗至極，這種人帶領的團隊，其成員不可能有高昂的士氣、振奮的精神，彼此間的關係也必然是猜忌、賴皮，別說戰鬥力，連解散都是早晚的事。

身為主管，不僅要在有任務時勇挑重擔，更要在出錯時率先勇敢承擔，把失誤和失敗的責任也放在自己的肩頭。能否像諸葛亮那樣，擁有主動、勇敢承擔錯誤的責任，關係到一個主管的品格和威望。出問題時，主動承擔責任而不是逃避推諉，可以穩定軍心、保持士氣，有助於找到癥結、解決問題。即使承擔了一時難以分清或者與自己無關的責任，也不要緊，因為這樣一來，可以彰顯品格、凝聚人心；二來等真相水落石出後，大家自然會知道發生什麼事。主動承擔錯誤責任的主管，讓人們看到他光明磊落與高風亮節的行事作風，能夠讓上司更器重，讓部屬更敬佩，威望絲毫無損，反而會大大增進。

當然，出了錯，僅僅勇於承擔責任還是不夠的，還應從中總結經驗教訓。諸葛亮在主動承責、自貶三級後，與費禕的對話中，說得十分清楚。他認為，兵不在多少，關鍵是主將如何，因此他要裁軍，不僅「減兵」，還要「省將」，從提高素養方面著手，增加戰鬥力；同時，他希望那些關注劉氏集團企業命運的人（「遠慮於國者」），即時指出、批評他的缺點和錯誤（「攻吾之闕，責吾之短」）。由此看來，對街亭一事，諸葛亮想了很多，也準備做很多。

俗話說：「在哪裡跌倒，從哪裡爬起來。」古語也云：「吃一塹，長一智。」有此二者，日後路上必然會少跌點跤、多成些功。

波音公司（The Boeing Company）自 1916 年成立以來，經過幾十年的經營，終於從一個僅有 450 美元有形資產的小企業，發展成一個擁有近 400 億美元資產、年利潤十幾億的超大型企業。在世界 500 強企業中，波音公司連年排名前五十，已經成為航空業當之無愧的龍頭。

波音公司的成功在於有一支重視品質、重視服務、重視管理的隊伍，而約翰．萊希（John Leahy）就是這支隊伍中的一員。

約翰在擔任波音公司交機中心經理時，總是兢兢業業、認真負責。交機中心有一項非常重要的任務，就是交機前要將飛機全部油漆一番，同時，每隔五年，要免費為客戶重漆一次。然而，有一段時間，噴漆組的工人們總是無法按時完成任務，有時又趕得匆匆忙忙，影響了噴漆效果。於是許多客戶開始抱怨，一時間輿論一片譁然。身為交機中心的經理，約翰豈能不急，然而他並沒有氣急敗壞地把所有責任都推到噴漆工人身上，而是勇敢地承擔了工作失誤的責任，並積極加以改進。他一邊溝通客戶、緩和矛盾，一邊改進工作、提高效率。

事後，約翰心平氣和地找噴漆組的工人開會。會上，約翰並沒有太過指責他們，只是建議大家仔細分析原因。有工人說，噴漆機棚本身的環境已被油漆汙染，故而影響噴漆品質；有工人說，噴漆工具老舊，影響噴漆的速度和效果。約翰聽了覺得很有道理，於是立即向公司申請一筆資金，將噴漆棚清洗乾淨，並換上全新的噴漆工具。

果然，在煥然一新的工作環境下，工人們個個都顯得興奮異常，幹勁十足。環境的改善和工具的改進，使噴漆品質和速度大大提升。從此以後，交機中心再也沒有發生因噴漆有問題而引發客戶不滿的事件。

謹慎駛得萬年船

古語有云：「小心駛得萬年船。」「小心」二字，在現今這個人多躁進的年頭，似乎有點「消極」，所以我篡改一下，便成「謹慎駛得萬年船」。但其實，說「萬年」也有點問題。我們所知道的國內外企業，哪個曾有三、五百年歷史，到現在還活蹦亂跳的？所謂「基業長青」，也不過多「青」幾十年而已；然即便是「幾十年」，也大不容易，需要萬千謹慎。

諸葛亮輔佐的劉氏集團，雖只有二十餘年歷史，但在當時群雄之中，已是出其類而拔其萃，能與之相比的不過孫、曹兩家。想當初劉備一個落魄皇叔，後來居然為王稱帝，諸葛亮營運之功不可沒；這營運之中，「謹慎」二字又功不可泯沒。

話說諸葛孔明行事素來謹慎，二十年如一日，不知有多少功業由此而成，不知有多少對手緣此而敗。久而久之，他的「謹慎」廣為人知，臨戰時，對手對此便特別小心、嚴加防範。司馬懿與諸葛亮交手屢屢失算，在了解到諸葛亮的謹慎、周詳之後，便也在小心、謹慎上做起文章。馬謖失守街亭，諸葛亮去西城縣搬運糧草，司馬懿率十五萬人馬殺來。到城下，城牆上一無旗幟、二無兵士，三軍匿跡、四門洞開，每門只有二十多個百姓在那裡灑掃街道；再看那孔明，卻是「披鶴氅，戴綸巾，引二小童攜琴一張，於城上敵樓前，憑欄而坐，焚香撫琴」。卻說司馬懿前軍哨到城下，見到如此模樣，皆不敢進，急報與司馬懿。懿笑而不信，遂止住三軍，自飛馬遠遠望之。果見孔明坐於城樓之上，笑容可掬，焚香操琴。左有一童子，手捧寶劍；右有一童子，手執麈尾。城門內外，有二十餘百姓，低頭灑掃，旁若無人。懿看畢大疑，便到中軍，教後軍作前軍，前軍作後軍，望北山路而退。次子司馬昭曰：「莫非諸葛亮無軍，故作此態？父親何故便退兵？」懿曰：「亮平生謹慎，不曾弄險。今大開城門，必有埋伏。我兵若進，中其計也。汝輩豈知？宜速退。」於是兩路兵盡皆退去。孔明見魏軍遠去，撫掌而笑。眾官無不駭然，乃問孔明曰：「司馬懿乃魏之名將，今統十五萬精兵到此，見了丞相，便速退去，何也？」孔明曰：「此人料吾生平謹慎，必不弄險；見如此模樣，疑有伏兵，所以退去。吾非行險，蓋因不得已而用之。此人必引軍投山北小路去也。吾已令興、苞二人在彼等候。」眾皆驚服曰：「丞相之機，神鬼莫測。若某等之見，必棄城而走矣。」孔明曰：「吾兵止有二千五百，若棄城而走，必不能遠遁。得不為司馬懿所擒乎？」幾年後，諸葛亮再次北伐，打了幾次勝仗。不料大將張苞身死，孔明大哭吐血，只得收兵養病。司馬懿乘機入寇西蜀，卻因連日陰雨，不得不退。諸葛亮並未追趕，而是幾路派兵，以圖勝算。其中，魏延等四人被派往箕谷。卻說魏延、張嶷、陳式、杜瓊四將，引二萬兵，取箕谷而進。正行之間，忽報參謀鄧芝到來。四將問其故，芝曰：「丞相有令：如出箕谷，提防魏兵埋伏，不可輕進。」陳式曰：「丞相用兵何多疑耶？吾料魏兵連遭大雨，衣甲皆毀，必然急歸；安得又有埋伏？今吾兵倍道而進，可獲大勝，如何又教休進？」芝曰：「丞相計無不中，謀無不成，汝安敢違令？」結果這陳式還是違令了，中了埋伏，五千人馬只剩四、五百傷殘，陳式被斬首示眾。

司馬懿是諸葛亮晚年的主要對手，也是智慧卓絕的人物。他深知諸葛亮的謹慎，因此交手之時，十二分地小心，從不敢掉以輕心。應該說，司馬懿的判斷是正確的，謹慎確實是諸葛亮人格特質與作風中十分突出的一點，也是他一生勝多敗少的原因。其實，司馬懿也是一個很謹慎的人，但為何司馬懿不敵諸葛亮呢？略加考究可知，他們對謹慎本質的理解和掌握不同。

諸葛亮的謹慎是處事、行事的仔細與周詳，並不排除果敢與決斷，因此，他可以走出「空城計」這一步棋。司馬懿沒有識破空城之計，強調「亮平生謹慎，不曾弄險」，就說明他們的「謹慎」是不同的。不僅「謹慎」不同，「弄險」也不同。諸葛亮的「行險」，是建立在對司馬懿性格的準確掌握和對局勢的精確判斷之上，行險中透著謹慎。否則，孔明先生應該是鐵定不會如此行事的。因此，詳盡掌握資訊、準確判斷局勢、密切關注動向、適時做出決策、嚴格掌握時程、時刻給予調控，這才是諸葛亮謹慎的精神實質，也應該是現代企業主管所應具備的。

諸葛亮的謹慎不是沒有人質疑，陳式就質疑了。鄧芝傳諸葛亮之令，要魏延、陳式等四人「提防魏兵埋伏，不可輕進」，陳式質疑「丞相用兵何多疑耶？」顯然，陳式把諸葛亮的謹慎視為多疑。結果，諸葛亮提防的情況出現了。這說明他不是多疑，而陳式只看到謹慎和多疑的相似之處，把兩者混淆了，卻不知兩者表面雖然相似，本質卻不同。就這一點而言，陳式與司馬懿有共通之處，那就是司馬懿的謹慎更多的是多疑，陳式送諸葛亮的這頂帽子，給司馬懿戴上，方才合適。

諸葛亮一生除對才幹頗為自負以外，還以忠誠、盡職和謹慎自許。在〈前出師表〉中，談到先主劉備對他遺命託孤的原因，諸葛亮說「先帝知臣謹慎，故臨崩寄臣以大事」，謹慎被劉備和他自己視為「寄以大事」的唯一條件，可見其至關重要、力重千鈞。《古文觀止》的編者在所收〈出師表〉的「謹慎」二字下評日：「孔明一生，盡此『謹慎』二字。」可見後人的認同。由此看來，當一個好主管，還真的要切實意識到謹慎的重要，不可不慎！

兵也、商也，細節決定成敗

看到這個標題，難免有人會「噗哧」一笑，說：「諸葛亮有什麼『細節』？」這話問得其實有道理。諸葛孔明先生他確實極其注重細節、善於打點細節、往往贏在細節，堪稱「細節大師」。暫不細究，我們只要先思考這些問題：諸葛孔明的謀略神不神妙？神妙的謀略需不需要心思縝密？這縝密的部分又是指什麼？細節嘛！

《三國演義》裡的謀士不下數十，不幸與諸葛亮同生一世的，大多敗給了他，而且敗就敗在細節上。嚷嚷「既生瑜、何生亮」的周瑜如此；「一步三計」的司馬懿如此；其他謀略等而下之的更是如此；就連才高堪比孔明的鳳雛龐統，雖然沒有敗給諸葛亮，但卻也是敗在細節上——他的一切謀斷都很出色，偏偏沒有考量到他去的那個地方叫「落鳳坡」，而自己又號「鳳雛」。

話說孫、劉既定聯合抗曹方針，各方面都積極行動。諸葛亮和周瑜謀劃以火禦曹，經過一系列借箭計、反間計、連環計、苦肉計，局勢方面有利於孫、劉的順利發展。自負多才、年少氣盛的周瑜坐鎮指揮這種關係重大的戰事，好不威風；臨陣觀察時又見「曹軍寨中，被風吹折中央黃旗，飄入江中」，知是「不祥之兆」，好不得意。不料「一陣風過，颳起旗腳於周瑜臉上拂過。瑜猛然想起一事在心，大叫一聲，往後便倒，口吐鮮血，不省人事。左右救回帳中，心腹絞痛，時復昏迷，藥不能下」，甚至「以被蒙頭而臥」。

這年方少壯、躊躇滿志的周瑜，為何被旗腳輕拂便一病不起？還是孔明解開了其中奧祕。卻說魯肅見周瑜臥病，心中憂悶，來見孔明，言周瑜卒病之事。孔明曰：「公以為何如？」肅曰：「此乃曹操之福，江東之禍也。」孔明笑曰：「公瑾之病，亮亦能醫。」肅曰：「誠如此，則國家萬幸！」即請孔明同去看病。肅先入見周瑜。瑜以被蒙頭而臥。肅曰：「都督病勢若何？」周瑜曰：「心腹絞痛，時復昏迷。」肅曰：「曾服何藥耳？」瑜曰：「心中嘔逆，藥不能下。」肅曰：「適來去望孔明，言能醫都督之病。現在帳外，煩來醫治，何如？」瑜命請入，教左右扶起，坐於床上。孔明曰：「連日不晤君顏，何期貴體不安！」瑜曰：「『人有旦夕禍福』，豈能自保？」孔明笑曰：「『天有不測風雲』，人又豈能料乎？」瑜聞失色，乃作呻吟之聲。孔明曰：「都督心中似覺煩積否？」瑜曰：「然。」孔明曰：「必須用涼藥以解之。」瑜曰：「已服涼藥，全然無效。」孔明曰：「須先理其氣；氣若順，則呼吸之間，自然痊可。」瑜料孔明必知其意，乃以言挑之曰：「欲得順氣，當服何藥？」孔明笑曰：「亮有一方，便教都督氣順。」瑜曰：「願先生賜教。」孔明索紙筆，屏退左右，密書十六字曰：「欲破曹公，宜用火攻；萬事俱備，只欠東風。」諸葛亮把寫好的字條遞給周瑜，周瑜見了大驚，承認孔明切中病源，復又詢問「何藥治之？」。諸葛亮說自己會奇門遁甲、能呼風喚雨，周瑜「聞言大喜，矍然而起」，一場大病一時間跑得無影無蹤。

年輕力壯的周瑜之所以一病不起，是因為急火攻心；之所以急火攻心，是因為一事在心；一事為何？其實就是細節！小小旗腳，不過方寸，誰能說不是細節呢？然而這種方寸細節，在今天你我看來概不陌生，但聰慧如周公瑾卻未能早知，可見如果置身其中，我們的疏忽不知還會有多少；而沉著如周公瑾，知此且往後便倒、一病不起，可見這細節是何等重要。如果此等細節未能慮及、慮及而未能解決，恐怕赤壁一戰，吃敗仗的，將不是曹操，而是孫、劉。而這一敗，極有可能讓他們大傷元氣，一蹶不振。

周瑜是《三國演義》中頂尖的智謀人物之一，但與孔明相比，稍遜一籌。這一籌之中，重要部分之一就是細節。赤壁之戰的火攻之計，諸葛亮早考量到風向這個細節（曹操的謀士程昱也注意到了），而且有「解決」辦法。羅貫中寫諸葛亮設壇祭風極盡鋪排，有人說迷信得像個巫師，但這又是孔明的一場「道士秀」，不過糊弄周瑜而已。其實，他早知火攻的那天會颳東南風，這是氣候規律使然，並非他在「七星壇」上祭來的。這一點，羅貫中曾借曹操之口巧妙道出：「程昱入告曹操曰：『今日東南風起，宜預提防。』操笑曰：『冬至一陽生，來復之時，安得無東南風？何足為怪！』」只可惜這曹阿瞞精明歸精明，卻恃強大意，顧此而失彼，終至大敗。

諸葛孔明的細節處理可謂妙乎如神，他的每一個計謀之中，極細微處無一遺漏、疏失。他獲勝成功的，無論是戰、是逃，是詐、是真，無不是因為在細微之處高人一籌。兵戰如此，商戰也是如此。經營管理固然要有總體規劃、策略決策，但每件大事無不是由小細節所構成，大系統無不是由小環節所支撐，大成就無不是由小成績所累積……這樣正反兩方的例子，可以說不勝枚舉：

沃爾瑪（Walmart）在當今世界零售企業中獨占鰲頭，是因為注意到每半張包商品剩下的紙和一節繩頭這類細節；而 1970 年還是美國零售商老大的 Kmart 走到破產保護的境地，就在於細微處「放了羊」、要每個人都「看著辦」。

西門子（SIEMENS）2118 手機靠著附加一個小小的 F4 外殼而讓自己也像 F4 一樣成為萬人迷；豐田汽車（TOYOTA）卻因為廣告中把和尚當成模特兒而惹怒印度民眾，痛失市場……

商場上，細節決定效益、決定成敗；做人上，細節決定修養、決定前途。古人對此早看得清楚、仔細，所以古語云：「不積跬步，無以至千里。」又云：「不謹細行，終累大德。」

王永慶曾是臺灣首屈一指的企業鉅子，無論財富還是聲望，都名列前茅；但他的第一桶金，卻是從賣米的細節上賺來的。

1930 年代初，16 歲的王永慶在故鄉嘉義開了一家小米店。當時，彈丸大小的嘉義已有 30 多家米店，資本很少的王永慶又只能在僻巷裡租一間小店，經營的艱難可想而知。如何突破這種困境呢？善用心思的王永慶想到了方法，決定從提升稻米品質和提供周到服務上入手。

當時，臺灣的生產條件還停留在傳統手工作業上，因陋就簡，碾壓簸箕，稻米中難免混入砂石、稻殼這類雜物，做飯時必須經過洗米的流程。王永慶由此入手，和弟弟不辭勞苦，挑選出米中雜物，然後出售。這種米省去顧客不少麻煩，當然頗受歡迎，王永慶的經營也因此而有了一些轉機。

在嘗到關注細節的第一絲甜頭之後，王永慶繼續深入關注細節：先是送貨上門，既照顧年長者的年高體邁，又照顧到青壯年的生計繁忙；接著是定期配送，即在首次為顧客送米時，記下這家人口多少、大人小孩比例等數據，由此推算出下次買米的大概時間，屆時及時配送。不僅如此，王永慶每次為顧客送米時，還幫人家把米倒進缸裡；如果有舊米，則把舊米倒出，將米缸擦淨，然後再倒入新米，把舊米放在新米之上，以免日久變質。由於他所服務的，都是普通人家，沒有什麼積蓄，往往不到發薪日就囊中羞澀，所以王永慶主動送貨上門時，並不採取貨到收款，而是等到約定的發薪日再去拿取，以免大家當時拿不出錢來，覺得不好意思。

王永慶細微之處的服務，讓客戶非常方便，贏得了大家的信賴，許多人成為他米店的忠實顧客，人們不論遠近，都慕名到這僻巷中來買米，王永慶的生意很快發展起來。經過一年多的累積，他在繁華地段租了更大的店面，還設置了自己的碾米廠。就這樣，王永慶靠著對細節的敏感和專注，把米店做大，並從米店踏上了企業鉅子的征途。

美國著名速食連鎖企業肯德基（KFC）自成立以來，生意如火如荼；相反地，一些曾經和它競爭的速食連鎖企業，卻早已銷聲匿跡，剩下的雖然還在苦苦支撐，但已絕無競爭的力氣。那麼，肯德基究竟贏在哪裡呢？原因固然很多，關鍵的兩個字卻是 —— 細節。

肯德基曾經在全球推廣一個叫「CHAMPS 冠軍」的計畫，其中每一個英文字母代表一個具體的計畫：

「C」Cleanliness：保持美觀整潔的餐廳；

「H」Hospitality：提供真誠友善的接待；

「A」Accuracy：確保準確無誤的供應；

「M」Maintenance：維持優良的設備；

「P」Product Quality：堅持高品質穩定的產品；

「S」Speed：注意快速迅捷的服務。

在這個「冠軍計畫」的背後，有一套完備詳盡的標準。這套標準逐一展現在各個環節之中，諸如：裝置、進貨、製作、品質、服務、培訓、衛生、環境……等。每一環節不分輕重、不論大小，都有嚴格的標準，這樣，肯德基在整體經營管理上，就實現了標準化。

為了在各個環節達到品質標準，肯德基又制定了一套與各個環節的品質標準相互搭配的可操作性規範。比如，雞的養殖期限、佐料分配的比例、肉菜切割的順序及粗細、烹煮時間的分秒限制、員工培訓的時間規定、服務語言的情境運用……等。肉菜切割的粗細以毫釐去限制、烹煮的時間以分秒來定時、服務語言設定各種情境……這樣窮究細節的精細化工藝流程和服務水準，為肯德基贏得競爭優勢。

如今，當人們步入肯德基餐廳時，面對幼兒的用餐椅、兒童玩耍嬉戲的遊樂園、安放於牆邊的洗手乳和烘手機、可供閱讀的報刊……恐怕沒有一個人不為這些細節化的服務所打動、所感嘆，進而一來、再來、常常來，自己來、家人來、約朋友來……

一流主管要具備一流執行力

「執行力」又是一個時髦至極的語彙，諸葛亮有嗎？其實，我們現在的事情，有許多「古已有之」；所不同的，僅是稱謂而已。這種情形在社會管理、商業運作領域尤其如此；否則，沒有這種連續性，現代人和古代人不就又有猿與人的差別？我們比之古人，只有「進步」，而非「進化」；多多的「古已有之」，大大的不奇怪。何況諸葛孔明先生他以身體力行為本分，他懂執行，有執行力，這有什麼好奇怪的！

話說鳳雛龐統為劉備定下取西蜀之計後，不久就在落鳳坡中箭身亡。入蜀之議既定，劉備、諸葛亮等繼續率軍入川，不料卻在西蜀重鎮雒城遇到了阻礙。守城輔將張任「極有膽略」，是該城的中堅。於是，諸葛亮決定「先捉張任，然後取雒城」。雒城東有一座橋，諸葛亮問明此橋叫「金雁橋」，便乘馬至橋邊，繞河看了一遍，回到寨中，喚黃忠、魏延聽令曰：「離金雁橋南五六里，兩岸都是蘆葦蒹葭，可以埋伏。魏延引一千槍手伏於左，單戳馬上將；黃忠引一千刀手伏於右，單砍坐下馬。殺散彼軍，張任必投山東小路而來。張翼德引一千軍伏在那裡，就彼處擒之。」又喚趙雲伏於金雁橋北：「待我引張任過橋，你便將橋拆斷，卻勒兵於橋北，遙為之勢，使張任不敢望北走，退投南去，卻好中計。」調遣已定，軍師自去誘敵。

卻說劉璋差卓膺、張翼二將，前至雒城助戰。張任教張翼與劉璝守城，自與卓膺為前後二隊 —— 任為前隊，膺為後隊 —— 出城退敵。孔明引一隊不整不齊軍，過金雁橋來，與張任對陣。孔明乘四輪車，綸巾羽扇而出，兩邊百餘騎簇捧，遙指張任曰：「曹操以百萬之眾，聞吾之名，望風而走；今汝何人，敢不投降？」張任看見孔明軍伍不齊，在馬上冷笑曰：「人說諸葛亮用兵如神，原來有名無實！」把槍一招，大小軍校齊殺過來。孔明棄了四輪車，上馬退走過橋。張任從背後趕來。過了金雁橋，見玄德軍在左，嚴顏軍在右，衝殺將來。張任知是計，急回軍時，橋已拆斷；欲投北去，只見趙雲一軍隔岸擺開，遂不敢投北，徑往南繞河而走。走不到五七里，早到蘆葦叢雜處。魏延一軍從蘆中忽起，都用長槍亂戳。黃忠一軍伏在蘆葦裡，用長刀只剁馬蹄。馬軍盡倒，皆被執縛。步軍哪裡敢來？張任引數十騎望山路而走，正撞著張飛。張任方欲退走，張飛大喝一聲，眾軍齊上，把張任活捉了。

執行與執行力雖說古已有之，但對它們的研究，則可說是發軔於賴利．包熙迪（Larry Bossidy）和瑞姆．夏藍（Ram Charan）所著的那本《執行力》（*Execution*）。不過，他們兩人對於執行與執行力的解說，似乎有點複雜，我們用更簡單的話來說：「執行就是實現既定目標的過程，而執行力就是完成執行的能力和方法。」就這個解釋而言，從諸葛亮一生行事可知，他非常注重執行，他的執行力是一流的。

諸葛亮一生定下的目標，大小無數、遠近各別，除了一個目標未及付諸實踐 —— 功成身退，即當歸隱 —— 之外，其他都實踐了，而且也只有一個未能實現 —— 復興漢室。單就這點來看，諸葛亮言出必行，是實幹家，是執行的楷模。至於諸葛亮「完成執行的能力和方法」，那更是有目共睹，看過「定計提張任」這個故事，就可知曉。

這段故事是《三國演義》中的一個小篇章，但卻集中地展現了目標、實現目標的過程和這個過程中展現的能力和使用的方法。在這裡，諸葛亮又是觀察地形，又是分派任務，一切安排妥當後，親自前往誘敵；誘敵之時，又是軍陣不整，又是遙罵張任，又是棄車而走；誘敵計成，則情形如事前安排順利發展，沒多久張任就被活捉了。在這裡，諸葛亮的能力得到全面展示，不僅運用腦力，也運用了體力；親臨前線不說，還親臨戰場，儼然諸軍中重要的一支，這在《三國演義》裡並不多見。在這裡，諸葛亮使用的手法，有口舌嘲弄，有裝假作態，有用兵如神……等。

諸葛亮的執行力在許多方面均有展現，如果我們認同威爾許的「所謂執行力就是務實運作的細節」，這一點就更毋庸置疑了，不說也罷。但不能不說的是，諸葛亮在執行問題上也有失誤。比如，他自己注重執行和執行力，但同事和屬下對此則有人執行不力。最明顯的是關羽和馬謖，他們都因未能執行諸葛亮的部署而導致重大失誤，對這失誤，諸葛亮也應該負責。對一個高層主管來說，察人之明應該是基本素養，這一點諸葛亮具備。就關、馬二人而言，他了解他們執行觀念不強、執行力存在失誤，但他還是用了他們。如果存在不能足夠重視執行的人，主管人員有義務對其進行教育、培養，諸葛亮事前並未做這樣的工作；執行的過程中，主管人員必須監督與檢查，諸葛亮在這方面要不是沒做，就是做得不好。

諸葛亮在執行方面的另外一個失誤，涉及到角色問題。高層管理者——也就是高層執行者——他們也必須親自參與執行，需要親歷親為，不能有半點懈怠。但是，他們關注的應該是重大事務，而非蠅頭小事；而且重要事務中的大部分，也不必高層管理者親自動手。高層管理者的執行，主要應該做的是三件事：選擇合適的人選，恰當地授權給他們，並對執行的過程給予高度重視、隨時跟進。如果說要參與一些小事，那也應該只是為了解情況，而非做完事情。在這方面，諸葛亮把自己降級，降到中層、乃至低層執行者的角色上，做了太多小事，結果是事倍功半。這一點，現代企業的主管們當深以為鑑。

說起世界著名的電腦公司戴爾（Dell），幾乎稍為熟識的人都知道，它的成功在於「直銷模式」。銷售模式的獨特，確實是戴爾的成功因素之一，但任何設想、模式如果執行不力，成功根本無從談起。因此，有人認為，戴爾的成功，相當程度上可以歸結為公司創始人麥可．戴爾（Michael Dell）本人的執行力。戴爾公司的一位高層管理人員曾說：「麥可．戴爾本人的特質之一，是極有遠見，而且通常在認定一個大方向後，就親自披掛上陣，帶領全公司徹底執行。」

戴爾的「直銷模式」展現在直接銷售與接單生產上。在生產方式上，麥可．戴爾確定公司的接單生產方式後，便馬上予以執行。接單生產方式有別於傳統透過預估未來需求進行生產的模式，是在工廠接到客戶的訂單後，才開始生產產品。由於戴爾產品的零元件，是依靠供應商提供的，因而供應商這個環節也必須接單生產，即在接到戴爾發的客戶訂單後，再進行生產。這一環節非常重要，供應商的交貨時間以及產品標準等，將直接影響到下一個環節 —— 戴爾對產品的組裝，因此，麥可．戴爾對供應商非常重視。為此，他不僅派公司高階管理人員不斷巡視工廠，自己每年也總會多次親臨供應商的生產第一線實地考察，對其生產細節深究不已。供應商按時交貨後，戴爾立即開始組裝。在組裝上，麥可．戴爾嚴格進行時間管理，以便確保接貨後以最快的速度把產品組裝完畢，然後迅速出貨。由於麥可．戴爾在供貨、組裝這兩個環節上嚴加把關，因而從接到訂單、到出貨交付的整個流程時間大大縮短，一般而言，能夠在接到訂單的一週內、甚至更短的時間內，將電腦交給客戶。

由於戴爾對直銷模式切實、嚴格的執行，一方面，和對手的客戶相比，戴爾的客戶更能及時得到所需的產品，戴爾的營業額在與其他商家的競爭中，自然也就一路攀升；另一方面，戴爾每年的存貨周轉率大大提升，而且流動資本為負值，因此能夠創造出驚人的現金流量。這種高資產的流動速率，使戴爾能領先競爭對手，從而讓客戶即時、廉價地享受最先進的科技產品。

我們可以說，一流的執行力，造就出全球最大的個人電腦製造商。

提起伏特加（Vodka），人們自然就會想到冬季冰天雪地的俄羅斯，它似乎已成為俄羅斯的一個代表。的確，伏特加是俄羅斯最著名的產品，且早已走出國門，長期壟斷美國市場。然而，它的「龍頭」地位卻不經意間被來自瑞典的絕對伏特加（Absolut Vodka）撼動了。2003 年，美國商業雜誌《富比士》（*Forbes*）所評選的美國奢侈品牌排行榜公布，瑞典的絕對伏特加在排行榜中獨占鰲頭。是何種神力推動絕對伏特加在美國奢侈品激烈競爭的市場中扶搖直上呢？這種神力就是它的執行力。

其實，絕對伏特加一開始進入美國時，只是一隻備受冷眼的「醜小鴨」，美國人覺得它的「外形」太醜陋：瓶形古怪，酒標單一。但絕對伏特加的美國代理公司對它卻充滿信心，決意要把它變成人見人愛的「白天鵝」，於是，美國代理公司開始在絕對伏特加廣告創意上下功夫、做文章。他們意識到，絕對伏特加的廣告必須突破一般酒品廣告的傳統模式，必須在創意上標新立異，把絕對伏特加的品牌塑造成時尚的、人見人愛的形象。他們決定在「絕對」二字上尋覓創意的靈感。最終，廣告創意總監在五分鐘之內閃現了創意的靈感：以「絕對」為首字，並以一個表示品質的詞居次，例如，「絕對完美」、「絕對創意」等，畫面則以特寫的瓶子為中心。這個廣告所產生的視覺效果非常突出，而且能夠引發人們的奇思妙想。結果，這種新穎的廣告創意推出後，一炮打響產品的知名度，使產品的銷售量大幅度增加。

儘管五分鐘的新穎創意為絕對伏特加開啟了銷路，但是廣告的創意者並沒有在這條創新的道路上止步，而是堅持不懈地走下去。幾十年來，他們製作了 500 多張平面廣告，雖然格式不變，但表現千變萬化，廣告運用的主題達 12 類之多 —— 絕對產品、絕對品味、絕對文學、絕對城市……等，每一張廣告都創意新穎、富於聯想，把產品的獨特性與廣告的獨特性巧妙地結合。如今，絕對伏特加不但擁有大批青睞者，就連它的廣告，也被一大批迷戀者所喜愛、收藏。

五分鐘的創意帶來幾十年的絕對執行，終於使絕對伏特加由「醜小鴨」變成令人喜愛的「白天鵝」。

忠誠是職場最為重要的特質

「嗨！別開玩笑了！職場——忠誠？什麼年代了，還那麼古板？」提到忠誠，恐怕有人會說出這樣的話來。華人社會中，關於「忠誠」的封建色彩極濃，雖然在現今看來，提倡員工要忠於公司、忠於老闆，怎麼聽都有點不舒服。但誰能想到，不只東方文明圈子裡的日本流行觀念，正宗西方文明圈子裡的美國，竟然也強調員工對企業的忠誠。看來，這忠誠還不得不說。

中國古代的忠臣不少，諸葛亮算得上是典型的一個，謚號「忠武」就是明證。他不僅自己忠誠，還教導別人忠誠，把忠誠硬是糅合進劉氏集團的企業文化中，讓它成為響噹噹的戰鬥力。

話說諸葛亮在劉備的旗下還沒待多久時間，就有人來獵頭、挖角，還不是別人，正是他的親哥哥諸葛瑾。諸葛瑾見了弟弟，以伯夷、叔齊兄弟餓死也死在一處的故事，勸他與自己共事一主；諸葛亮則以其人之道理還說其人，說得諸葛瑾無言回答，起身辭去。當然，諸葛瑾也並未被弟弟說服，因為他同樣忠於自己的老闆。

再說諸葛亮第二次上表北伐，大有進展，不料解送糧米的苟安好酒誤事，被軍師杖責，心中懷恨，連夜投降司馬懿。司馬懿心生一計，讓苟安「回成都散布流言，說孔明有怨上之意，早晚欲稱為帝，使汝主召回孔明」。流言一起，劉禪聽信宦官讒言，下詔宣孔明班師回朝。諸葛亮接詔，知道事有蹊蹺，而且一退則「日後再難得此機會」，但仰天長嘆後，還是傳令退軍，說是「我如不回，是欺主矣」。孔明回到成都，入見後主，奏曰：「老臣出了祁山，欲取長安，忽承陛下降詔召回，不知有何大事？」後主無言可對；良久，乃曰：「朕久不見丞相之面，心甚思慕，故特詔回，一無他事。」孔明曰：「此非陛下本心，必有奸臣讒譖，言臣有異志也。」後主聞言，默然無語。孔明曰：「老臣受先帝厚恩，誓以死報。今若內有奸邪，臣安能討賊乎？」後主曰：「朕因過（誤）聽宦官之言，一時召回丞相。今日茅塞方開，悔之不及矣！」孔明遂喚眾宦官究問，方知是苟安流言；急令人捕之，已投魏國去了。孔明將妄奏的宦官誅戮，餘皆廢出宮外；又深責蔣琬、費禕等不能覺察奸邪，規諫天子。二人唯唯服罪。

《三國演義》裡關羽號稱「忠」、「義」第一，其實，諸葛亮也「忠」得可以。就人而言，他先忠劉備，後忠劉禪；就國而言，他遠忠劉邦開創的炎漢，近忠劉備稱帝的蜀漢。他的忠，有言，更有行。說行，原書中的兩個例子即是，一個在跟隨劉備不久，一個是在輔佐劉禪之後，兩事相隔近二十年，卻二十年如一日，貫穿一個「忠」字。說言，劉備託孤時，他說要「盡忠貞之節」；〈前出師表〉中，他說「此臣所以報先帝而忠陛下之職分」；臨終前他對姜維說：「吾本欲竭忠盡力，恢復中原，復興漢室。」統而觀之，諸葛亮實在「忠」得全面，忠得堅貞。不過，我們也可以看出，他的北伐退兵，有點「忠」得糊塗，實在有些「愚忠」了。

現代企業裡不需要愚忠，但需要忠誠。忠不忠於老闆其實沒那麼重要，但需忠於企業，忠於職守。諸葛亮的「忠」，表面上看僅僅是忠於老闆劉備，其實也是忠於劉氏集團，也是忠於職守：我諸葛亮既然答應出山輔佐，就要竭心盡力；我既然接受遺命，就要照著去做。儒家主張的忠，核心意義為「對人、對事無不竭心盡力者」，這就如同在現代社會裡，某人既然擔任某職，就要盡其職責。就此而言，應該說忠於職守屬於品德的範疇，而且應該是美德；就個人而言，諸葛亮可謂這種美德的典範。

身為劉氏集團的高階主管，諸葛亮不僅自己具備、發揚忠誠這種美德，還在集團裡培育、光大這種美德。衡人論事，他以是否忠誠為標準之一。黃忠和魏延一起投降，他對黃忠十分禮敬，卻要人把魏延推出去砍了，原因就是其不能忠於主上；饒了魏延的性命，卻教訓其「盡忠報主，勿生異心」。僅對魏延一事，殺之以不忠，責之以盡忠，品德取向十分明顯，是給魏延的教訓，也是給其他人的教導，是一堂生動形象、令人難忘的忠誠教育課。由此看來，企業的主管們，不僅自己要修養忠誠的品質，還要當忠誠言傳身教的老師。

曾有一項對世界著名企業家的調查，當問到「員工首先應該具備的品質是什麼」時，他們幾乎毫無例外地選擇了忠誠。確實，對企業來說，它的發展和壯大都是靠員工的忠誠來維持的，否則，許多事情不可設想。

對個人來說，也千萬不要以為「忠誠於老闆就錯了」。首先，因為員工和老闆之間並非此贏彼輸的「零和」賽局，而應該說是雙贏雙輸的格局，老闆慘了，我們也好不到哪裡去；其次，如果選擇這樣的老闆、這樣的企業，就意味著你選擇了自己的事業（千萬不要以為只有自己開公司才算是事業）。那麼，忠誠於自己的事業，那不是理所應當的嗎？而且忠誠可以提高工作效率、激發業務潛能、提升競爭力，從而獲得應有的回報，包括加薪、升遷、實現人生價值，何樂而不為呢？

近年來，日本企業界開始對他們引以為豪的「終身僱傭制」進行反思，有的已經取消了這種制度。之所以如此，一是低迷的日本經濟很有可能使其成為一句空話，二是這種制度的副作用日漸突顯。撇過這些不說，就忠誠來說，我們可以從這種制度，體會到日本企業對員工忠誠品質的要求和回報。

日本經營之神松下幸之助是一個胸懷理想的企業家，他的許多經營理念堪稱獨到。對於人才的聘用，他有一個觀點，就是選用看到國旗會掉淚的人。松下認為，企業與社會、員工與公司的關係，和國民與國家的關係，應該是相同的；公司的生存以服務社會為基礎，公司的員工也當然應該取與公司目標一致的行為方式，否則，公司的目標無法達到，員工也就無從受惠。員工對於公司，應該具有國民對國家那樣的「愛和忠誠」（諸葛亮也說「君子之儒，忠君愛國」），如果員工只把公司當成「混日子的地方」，心裡只盤算自己的利益，勢必會產生種種問題，公司也就無從發展了。因此，公司應該選用熱愛公司的人，在計較薪水職位、動輒離職以「跳槽」相威脅的人才，和忠誠正直、默默耕耘、不斷進修的「庸才」之間，應該選擇後者。

忠誠正直、默默耕耘、不斷進修的員工，是松下最賞識的。他的一位好友的兒子，大學畢業後在一家公司謀得一份工作，回家後，這位年輕人對父親說：「我的公司很好，很有前途，我會全心全意地工作。」他的這番話，不僅讓父親放心，更讓父親相信他所在公司的品質、信譽等，由此，一傳十、十傳百，還造成了一種宣傳作用。對此，松下深有感觸地說：「因為兒子的工作使雙親深感安慰，雙親再把感受轉告朋友，讓大家得到一個優良印象，最後影響這家公司的產品銷售。這種微妙的連帶作用，給我深刻的印象，令我深深無法忘懷。」

主管、主管，自然是一方諸侯，並非哪一個的附庸；老闆有祕書、助理充任助手，與主管何干？話當然可以這樣說，但是，就企業組織的大框架和企業執行的大目標來看，說主管是老闆的助手，未嘗不可。如果考量到公司人際關係問題，與老闆走近一些，當然更是大大地必要。

諸葛亮這個大主管，地位、身分有點特別，因為他的職責實在夠多、權力實在夠大；但他無論如何，還是一個君王的宰輔，是一個老闆的助手。只是諸葛亮這個助手做得盡心盡職、有規有矩、有聲有色，不可多得。

話說曹操大兵壓境，諸葛亮勸劉備盡快離開樊城、到襄陽暫時歇腳。而此時的劉備，兵雖不多，民卻不少，從新野等地跟來的老百姓數以萬計。這劉皇叔素以仁德著稱，諸葛軍師也就不能不顧他的形象。玄德曰：「奈百姓相隨許久，安忍棄之？」孔明曰：「可令人遍告百姓：有願隨者同去，不願者留下。」先使雲長往江岸整頓船隻，令孫乾、簡雍在城中聲揚……卻說劉備被曹軍攻打，四處逃跑。仁義的劉備不忍心拋下百姓，領了十幾萬百姓和三千多兵馬向江陵出發，趙雲保護老小，張飛斷後。這時，孔明說：「雲長往江夏去了，絕無回音，不知若何。」劉備說：「敢煩軍師親自走一遭……」孔明允諾，便與劉封引五百軍，先往江夏求救去了。

赤壁之戰中，劉備等乘亂駐軍油江口，欲取荊州三郡。周瑜等眼見流血奮戰得來的勝利果實，要被別人摘取，心有不甘，便與魯肅率兵來爭。諸葛亮要劉備與周瑜約定誰取歸誰，劉備雖然照著說，但心中疑惑。瑜與肅話別玄德、孔明，上馬而去。玄德問孔明曰：「卻才先生教備如此回答，雖一時說了，展轉尋思，於理未然。我今孤窮一身，無置足之地，欲得南郡，權且容身；若先教周瑜取了，城池已屬東吳矣，卻如何得住？」孔明大笑曰：「當初亮勸主公取荊州，主公不聽，今日卻想耶？」玄德曰：「前為景升之地，故不忍取；今為曹操之地，理合取之。」孔明曰：「不須主公憂慮。盡著周瑜去廝殺，早晚教主公在南郡城中高坐。」

這幾年的企業組織中，有一個頭銜越來越常見，那就是「助理」，諸如總經理助理、董事長助理等，不一而足。之所以如此，除了人事上的平衡外，實際需求當然是更為重要的因素。那麼，為什麼要設這個職銜呢？顯然是要為主管做一些輔助性工作，或分擔主管的一部分工作，有時候甚至是代表分身乏術的主管參加某些活動。因為主管與助手的關係是一體的，所以工作起來協調性更好，成效也就更為突出。正是這樣的原因，助理成為許多企業常設的職務。

諸葛亮先任劉備的軍師，後來擔任蜀國丞相，是個負責全盤工作的角色，因此，他是老闆全方位的助手。這個助手做得十分辛苦，同時也做得無比出色。這個助手要領會老闆的價值觀念，把它融入自己的觀念和行動之中。老闆仁義，不忍心丟棄久隨的百姓，助手就把這種念頭變成方法，並具體實施。這個助手要勇於在緊要關頭挺身而出，代替老闆身入虎穴、折衝樽俎。隻身東渡，任務艱鉅，關係重大，又危險重重，這助手就主動請纓、義無反顧。這個助手要為老闆出謀劃策、排憂解難，老闆有疑時為他釋疑，老闆有憂時為他解憂。老闆自知實力根本不是東吳的對手，這助手就告訴他「不須憂慮」，把一切工作都安排好，讓老闆只等著坐享其成。這裡只是擇其大者加以概括，其實諸葛亮做的還很多。

現代企業的主管大多負責一個獨立的部門或團隊，完成好本職工作就是對老闆的幫助，也可以說是做了最基本的助手。僅僅做到這一點，已經是一個好主管了，但還可以做得更好。首先，是對老闆交付的本職工作拾遺補闕、優化完善，使工作的品質和成效超出老闆的要求和預想，這樣益處頗多：從公司的角度，老闆可以由此拓展視野，提出新的規畫和要求，同時也可以促進其他部門的工作；從個人的角度，可以展現自己的能力、可以贏得老闆的青睞。其次，本職之外的工作也可以做一些，比如對其他工作提出建議，幫助老闆改進這些工作；做一些老闆為難、不好做的事，如此等等。像諸葛亮，他是連劉備的家事都考量、照顧到了的。

主管人員不僅應該當老闆的助手，也應該當部屬的助手。如果把某項工作分配給部屬，那他就是這項工作的主將，主管人員從旁支持，也就好比當他的助手。劉氏集團的那些戰將，說起來哪個都得聽諸葛亮的調遣，但諸葛亮背後做的輔助性工作，又豈止一二？糧草、兵器、查闕、補漏，甚至直接在陣前誘敵，無不如此。當部屬的助手，對工作固然有一定的意義，更大的意義卻在於增加部屬的權威感、榮耀感、自豪感，使他們更加積極地投入工作，迸發潛能，做出更好的成績來。主管必須掌握這種微妙的人際原理，為每一位肩挑重擔的部屬，做好助手。

既能當老闆助手，又能當部屬助手的主管，才能俯仰有致、上下逢源，不僅工作出色，而且前途光明。

微軟公司（Microsoft）總經理比爾蓋茲（Bill Gates）的第二任女祕書——露寶，是比爾蓋茲生活、工作中的得力助手，她忠誠於公司，忠誠於老闆，兩度受命挑起重任，為微軟帝國的發展、壯大，立下了汗馬功勞。

露寶初到微軟時已經 42 歲了，她對年僅 21 歲的董事長比爾蓋茲倍加關心。蓋茲通常中午才開始上班，然後一直工作到深夜，露寶根據這個作息規律，安排蓋茲在辦公室的起居飲食，就像母親照顧孩子似的。蓋茲因此對露寶十分感激。

露寶的工作很繁雜，比如發放薪資、記帳、接訂單、採購、列印檔案、安排出差……等，她簡直像一個後勤總管。然而，露寶總能協調、安排各項事務，使公司有條不紊、秩序井然。蓋茲有露寶的幫助，省去許多麻煩和後顧之憂，專心致力於公司的發展。

不出幾年，微軟就發展得相當驚人了，此時蓋茲決定把公司遷往西雅圖，以求更大的發展。令蓋茲遺憾的是，露寶因其家庭因素，不能和他一同前往。

此後三年，蓋茲一直努力尋找合適的助手，然而，總未能稱心如意。在一個霧氣迷濛的冬夜，正為此事苦惱的蓋茲，突然發現曙光！原來，對微軟忠心耿耿的露寶，也放不下年輕的公司，放不下年輕的董事長，所以說服丈夫舉家遷到西雅圖。露寶的到來，為蓋茲和整個公司帶來了活力。蓋茲給予露寶更多的信任，對她十分依賴；露寶則不辜負董事長的信任，竭盡全力為蓋茲分憂、為公司效勞。微軟在蓋茲的悉心經營下，一步步發展壯大，而這位忠誠的女祕書露寶，也迎來了事業上的巨大成功。

自動自發，何妨走在老闆前頭

在禮節上，走在老闆前頭是不可以的，除非搶先前去開門；但在工作上，不僅可以，而且會大受老闆的歡迎。尤其是身為企業的主管人員，這一點就更是必要了，它展現了一個企業管理者的素養和價值，是他做好工作、創造效益的重要因素，也是個人成功的基本條件之一。

身為劉氏集團的老闆，劉備的才幹並不算突出，因此具體做事還要倚重屬下。諸葛亮是他最為倚重的高層主管，他不僅能好好完成上司交代的任務，更能走在老闆前頭，在老闆動問時，他已經謀劃好、安排好了，或者甚至是做得差不多了……此諸葛亮絕非「事後諸葛亮」。

話說赤壁之戰後，劉氏集團乘機占了荊州，於是孫、劉兩家為荊州吵起架來。劉備說劉琦死了以後還荊州，劉琦去世，東吳果然來要，諸葛亮說：「若有人來要，亮自有言對答。」東吳為了要回荊州，用招贅劉備之計，諸葛亮說：「吾已定下三條計策」，「使周瑜半籌不展；吳侯之妹，又屬主公；荊州萬無一失」。

劉備遺詔託孤後駕崩，魏主曹丕乘機五路發兵攻蜀。訊息報來，後主劉禪聽罷大驚，趕忙叫人去請諸葛亮丞相。出乎意料的是，諸葛丞相不知發什麼神經，傳令官去請不來，黃門郎去請不來，直至叨擾聖駕親到府上。後主劉禪率若干高官到相府，門吏攔下百官，單請皇帝入府。後主乃下車步行，獨進第三重門，見孔明獨倚竹杖，在小池邊觀魚。後主在後立久，乃徐徐而言曰：「丞相安樂否？」孔明回顧，見是後主，慌忙棄杖，拜伏於地曰：「臣該萬死！」後主扶起，問曰：「今曹丕分兵五路，犯境甚急，相父緣何不肯出府視事？」孔明大笑，扶後主入內室坐定，奏曰：「五路兵至，臣安得不知？臣非觀魚，有所思也。」後主曰：「如之奈何？」孔明曰：「羌王軻比能，蠻王孟獲，反將孟達，魏將曹真：此四路兵，臣已皆退去了也。只有孫權這一路兵，臣已有退之之計，但須一能言之人為使。因未得其人，故熟思之。陛下何必憂乎？」

後主聽罷，又驚又喜，曰：「相父果有鬼神不測之機也！願聞退兵之策。」孔明曰：「先帝以陛下付託與臣，臣安敢旦夕怠慢。成都眾官，皆不曉兵法之妙——貴在使人不測，豈可洩漏於人？老臣先知西番國王軻比能，引兵犯西平關；臣料馬超積祖西川人氏，素得羌人之心，羌人以超為神威天將軍，臣已先遣一人，星夜馳檄，令馬超緊守西平關，伏四路奇兵，每日交換，以兵拒之。此一路不必憂矣。又南蠻孟獲，兵犯四郡，臣亦飛檄遣魏延領一軍左出右入，右出左入，為疑兵之計；蠻兵唯憑勇力，其心多疑，若見疑兵，必不敢進。此一路又不足憂矣。又知孟達引兵出漢中；達與李嚴曾結生死之交；臣回成都時，留李嚴守永安宮；臣已作一書，只做李嚴親筆，令人送與孟達；達必然推病不出，以慢軍心。此一路又不足憂矣。又知曹真引兵犯陽平關；此地險峻，可以保守，臣已調趙雲引一軍守把關隘，並不出戰；曹真若見我軍不出，不久自退矣。——此四路兵俱不足憂。臣尚恐不能全保，又密調關興、張苞二將，各引兵三萬，屯於緊要之處，為各路救應。此數處調遣之事，皆不曾經由成都，故無人知覺。只有東吳這一路兵，未必便動。如見四路兵勝，川中危急，必來相攻；若四路不濟，安肯動乎？臣料孫權想曹丕三路侵吳之怨，必不肯從其言。雖然如此，須用一舌辯之士，徑往東吳，以利害說之，則先退東吳；其四路之兵，何足憂乎？但未得說吳之人，臣故躊躇。何勞陛下聖駕來臨？」後主曰：「太后亦；欲來見相父。今朕聞相父之言，如夢初覺，復何憂哉！」

走在老闆前頭，是說要積極、主動地工作；想在前頭，做在前頭。用現在的話來概括，就是「自動自發」。在企業組織中，最基層的員工，在這一點上也許可有可無，但對管理階層、尤其是高階管理者來說，這一點卻是必需的，是衡量這個管理者素養優劣的基本點之一。如果某位主管是一個不能自動自發工作的管理者，他的適應範圍必然是有限的，績效也好不到哪裡去；如果一個企業缺乏自動自發工作的管理者，這個組織執行的鏈條就隨時有脫節的可能，成就也就大不到哪裡去。

自動自發地工作，是一個人敬業精神的展現。一個人只有敬業，才有可能主動、積極地工作；而當這種職業道德層面的敬業精神轉化為對職業的興趣與熱愛後，積極、主動工作就獲得一種發自內心的動力，自然而至、源源不絕。同時，自動自發地工作，也是一個人工作素養的展現。一個人工作是不是有能力、有水準，做得快慢、做得好壞，固然是一個衡量標準，能否積極主動地工作，同樣是一個衡量標準。尤其身為管理者，他如果不能積極主動地工作，不僅會影響自己，更會影響整個部門或整個團隊。汽車工業領域衡量汽車效能的一個指標是加速能力，我們雖然不能等同汽車的加速能力和自動自發，但自動自發工作者的加速能力更強，恐怕是誰也不可否認的。

自動自發地工作，不僅包括分內工作，也包括那些並不是分內的工作。對管理者來說，不論身處何種職位、何種部門，企業的工作都應該關心。這並不是越俎代庖，它展現了管理者的責任感，也可能預示著他能夠適應更廣、更高階層的工作。

諸葛亮是一個敬業的模範，也是一個自動自發工作的模範。如果說，剛出山時他還要劉備指點的話，幾番大事之後，他就走在了劉備的前頭。在他的一生中，我們總是可以看到劉備正要如何如何，這諸葛亮總是「亮已」如何如何，該想的他早想到了，該做的也已經做了。這一點，劉備去世、曹魏伐蜀的那一回，表現得最為生動有趣。後主劉禪、百官乃至太后都有些納悶、甚至懷疑諸葛亮消極怠工的時候，自動自發的諸葛亮已經退了曹魏五路聯軍的四路，只剩一路也謀劃已定，只差派人前往。而後來的南征、北伐，都是諸葛亮上表主動請纓的。正是這種工作態度和高度的工作能力，劉氏集團的兩任老闆才都委諸葛亮以軍國重任，從而成就了諸葛武侯的傑出功勛和萬世英名。

洛克斐勒（John Davison Rockefeller）是聞名世界的石油大王。然而，年輕時的洛克斐勒既沒有高學歷，又沒有好技術，更沒有良好的家庭背景。那麼，他是如何成功的呢？

洛克斐勒初進石油公司工作時，被分配去檢查石油罐蓋有沒有自動銲接好。這是整個公司最簡單、最枯燥的一道工序，根本沒有人願意去做。洛克斐勒無奈，每天就盯著銲接劑，看它一滴滴落下，把罐蓋焊好，然後目送焊好的罐蓋被傳送帶送走。

僅僅半個月的時間，洛克斐勒就厭煩了，但主管回絕了他要求調動職位的申請。洛克斐勒別無選擇，只好重新回到職位。這次回來，洛克斐勒變得跟以往不同了，他不再無聊地看著，而是用心觀察罐蓋銲接的品質。他發誓要把這份工作做好。洛克斐勒先是主動研究銲接劑的滴速與滴量，他發現，每焊好一個罐蓋需要 39 滴銲接劑。而經過周密的計算，洛克斐勒初步斷定，其實每次僅用 37 或 38 滴銲接劑就足以封好罐蓋，且品質不變。

在老闆不曾想到也不可能想到的銲接劑上，洛克斐勒把小問題做成了大文章。他開始進行反覆的測試、實驗，然而「37 滴型」的銲接機並不可行。洛克斐勒並不灰心，他又重新開始，設計出「38 滴型」銲接機，又是一番艱難的測驗，結果證明 38 滴銲接劑果然可以把罐蓋封好。

洛克斐勒的這個發現，使公司上下都開始注意這個默默無聞的年輕人。別看一個罐蓋只是節省一滴銲接劑，每年下來，這「一滴」就為公司節省了約 5 億美元的開支。

洛克斐勒自覺地發現問題、自發地解決問題，不僅做了分外事，而且做得如此之好，為公司、為老闆帶來巨大的利益，難怪後來能一步步邁向成功呢！

勸諫老闆也是主管的本分

「向老闆提意見？別想！那不關我的事！」向老闆進言，許多員工或中下層管理人員，都會認為與己無關，認為那不是自己的本分。不是有人嚷嚷「選對池塘釣大魚」嗎？好像一選之後，這池塘的好壞可以不再記掛，自己專心釣魚就可以了；豈知如果大家都人同此心，日久之後，恐怕連魚鱗都撈不上幾片來。身為企業員工，不論職位為何，都有義務、也有權關心企業的所有問題，向老闆進言 —— 或提建議，或提意見。

諸葛亮身為劉氏集團的大主管，建言獻策自然是其職責所在；同時，他還能向自己的兩任老闆直言不諱地提出意見，打消他們的壞念頭，糾正他們的錯誤言行。從而使劉氏集團這方大池塘永不枯竭，而且充滿活力 —— 總是有大魚在裡面活蹦亂跳。

話說劉備得了「可安天下」的奇才孔明，便有些躊躇滿志，有一天別人送了條犛牛尾，他便用它編帽子。恰巧諸葛亮進來看見，板起面孔說了他幾句，要他別忘自己的遠大志向。這劉皇叔倒也聽話，扔掉那牛尾，談起了正事。

卻說東吳設計奪荊州，又害死關二爺關羽，劉備決意東征討吳，趙雲先就不同意，勸諫說：「漢賊之仇，公也；兄弟之仇，私也。願以天下為重。」劉備哪裡聽得進去，只教「操演軍馬，剋日興師，御駕親征」。於是：公卿都至丞相府中見孔明，曰：「今天子初臨大位，親統軍伍，非所以重社稷也。丞相秉鈞衡之職，何不規諫？」孔明曰：「吾苦諫數次，只是不聽。今日公等隨我入教場諫去。」當下孔明引百官來奏先主曰：「陛下初登寶位，若欲北討漢賊，以伸大義於天下，方可親統六師；若只欲伐吳，命一上將統軍伐之可也，何必親勞聖駕？」先主見孔明苦諫，心中稍回。不想此時張二爺張飛到來，火上澆油，劉備遂決定劉、張兩路並進，「共伐東吳，以雪此恨」。學士秦宓苦諫，劉備竟將他囚在大獄。孔明聞知，即上表救秦宓。其略曰：

「臣亮等切以吳賊逞奸詭之計，致荊州有覆亡之禍；隕將星於斗牛，折天柱於楚地。此情哀痛，誠不可忘。但念遷漢鼎者，罪由曹操；移劉祚者，過非孫權。竊謂魏賊若除，則吳自賓服。願陛下納秦宓金石之言，以養士卒之力，別作良圖，則社稷幸甚！天下幸甚！」先主看畢，擲表於地曰：「朕意已決，無得再諫！」

在企業組織中，無論是團隊成員還是上下級之間，交流溝通必不可少，其中一個重要環節，就是回饋。一些管理學著作把回饋定義為得到或給予有關工作業績方面的意見和資訊，範圍較小，顯然只能算是狹義的回饋。其實，回饋不應該僅僅限定於「工作業績方面」，同時也應該是多方向的。身為企業組織中的主管，你必須向上司或老闆提供有關自己工作情況的回饋意見，也收到他們的回饋資訊；同時，你必須向下屬提供你對他們工作情況的回饋意見，也收到他們的資訊。顧客、民眾、媒體的回饋，也是必須關注的。由於回饋與主管人員的角色有密切關係，因此必須對此有非常清楚的認知。如果能夠經常、暢通、有效地進行回饋，對管理階層、員工和整個企業，都將是十分有益的。研究顯示，回饋有助於減少不穩定性、有助於解決問題、有助於建立相互間的信任、有助於加強人與人之間的連結、更有助於改善工作品質。

居於中間位置的企業主管，向上、向下都存在回饋，由此而形成一個鏈結；由於回饋是連續不斷的，因此它也可以說是一個鏈環。在這個回饋鏈結之中，上司向下屬徵求意見、下屬向上司提出建議，是不可缺少的要素。優秀的主管人員常常會向下屬徵求有關他個人或團隊、工作等各方面的意見和建議，同樣也會向上司提出各式各樣的建議和意見。本節所說的「勸諫」，就是後一種類型的回饋。

諸葛亮身居高層主管之位，再加上其在劉氏集團所處的獨特地位，可以說是交流溝通的樞紐。孔明先生如何在交流溝通中大顯諸葛本領，這裡我們暫且不說，單說他向兩任老闆回饋意見 —— 進諫。諸葛亮第一次向劉備進諫，是在出山不久、還沒有打第一仗的時候，提醒他不要玩物喪志，所以如此，是因為劉備當時正在玩物 —— 結犛牛尾帽，即時提醒有助於防微杜漸。也算這孔明有先見之明，不然劉皇叔在東吳入贅了孫家，孫夫人又是溫香軟玉、生活又是錦衣玉食，「果然被聲色所迷，全不想回荊州」。虧得有趙雲相隨，否則真不知這位皇叔是否要在東吳做專職駙馬（侍婢也叫他「貴人」），長此以往，哪管漢室家國？

話到此處，不能不說說趙雲。趙雲沒有參加過「桃園三結義」，因此雖然也是劉備的兄弟，也是劉氏集團最高管理團隊的一員，卻不像關、張之於劉備的關係，倒有點類似諸葛軍師。關、張、趙三人之中，趙雲是勸諫劉備最多的，好多時候，劉備冒出了什麼歪念頭，往往是他打頭陣勸諫，並多能與軍師達成共識，諸葛亮讓趙雲跟隨劉備到東吳成親，顯然是看中他肯於且勇於直諫的忠直品格。關羽死後，劉備要興師報仇，第一個站出來反對的就是趙雲，此外還有百官的群諫、孔明的苦諫、秦宓的死諫。

文武百官的勸諫固然可能觸怒皇上，但卻因職分所在、不能不諫。這種勸諫是他們忠於職守的表現，也是忠誠的應有之義。同時，這種勸諫也關乎自己的利益，誠如秦宓所言：「新創之業，又將顛覆耳！」覆巢之下，安有完卵？因此，若求卵之完，必先求巢不覆；若求巢之不覆，必先防患於未然，進言、勸諫，正是在防患於未然。

然而，勸諫也並不容易，因為上司得有願意接收逆耳忠言的耳朵、容納苦口良藥的心胸。劉備本來還算大度、能聽得進去，但在褊狹私心的影響下，在征吳一事上未能雅納諫言，終致釀成大敗。

因此，專家認為，收到回饋意見時，應該盡可能多獲取具體意見；收到否定的回饋意見時，不要產生防衛性排斥情緒；採納正確的回饋意見，並把這種結果告訴提出意見的人；不採納時，也要照情況分別給提意見者回饋，並與他們交流溝通；對給予回饋意見者表示感謝，並歡迎提出更多意見。

福特公司（Ford）曾經進行一場轟轟烈烈的薪資革命，「日薪 5 美元」正是這場革命的宣言。為此，亨利．福特（Henry Ford）的名聲威震世界，福特公司也一夜成名。然而，掀起這場革命波瀾的，卻是勇於勸諫老闆的考曾斯。

考曾斯原本是一名煤場職員，後來他的老闆、煤炭零售商把他舉薦給亨利．福特。考曾斯其貌不揚，有人因為他的模樣而嫌棄他，也有人因為他冰冷的態度、耿直的性格而躲避他。然而亨利．福特對此毫不計較，他看重的是考曾斯精明強悍的管理才能。

加盟福特公司後，考曾斯的管理才能充分得以施展。他對員工的考勤制度很嚴格、注重產品的生產品質、改變公司低效率的工作作風、建立公司的汽車銷售網。日常工作中，對亨利．福特來說，考曾斯一方面是位得力的助手，對於他所提出的有關方針、經營策略，考曾斯都認真而堅決地予以貫徹執行；另一方面，考曾斯又是一名勇於直諫的「忠臣」，經常會提出有關福特公司發展的合理化建議，對亨利．福特在工作中的疏忽、失誤，考曾斯也會大膽而直率地進行勸諫，絕不一味地盲目順從。把工人的薪資提升至「日薪 5 美元」，就是考曾斯在對亨利．福特再三勸諫下而得以實現的。

福特公司在不斷發展壯大的過程中，也日益暴露出一些問題。雇主與工人之間的貧富懸殊，就是當時福特公司經營中呈現出的一個很大弊端。一方面福特家族財源滾滾；另一方面工人們卻僅得溫飽，他們猶如福特公司麻木、機械式的機器人，每天不停地轉動，可是所得卻微乎其微。在這樣的過程中，公司的員工總是在不斷地流失。據當時統計，福特公司僅由於工人的缺乏，一年就要損失 300 萬美元。

為了讓公司擺脫這種困境，經過深思熟慮，考曾斯終於慎重地向亨利．福特提出一個大膽的建議 —— 將工人的日薪資由原來的 2.5 美元增加至 5 美元。亨利．福特最初聽到這個建議後，沉思了良久，最後還是接受了，但他只答應提高到 3 美元。考曾斯不改初衷，對亨利．福特說：「我們都知道，資本和勞動之間的分配是不平等的，但是必須想出一定的辦法來，否則，由此引發的矛盾，將使公司最終陷入經營絕境。況且，您平常自己也教導我們要合理解決勞資雙方的分配問題。」亨利．福特聽了這番話，答應兩天後再進行討論。兩天後，亨利．福特作出決定：工人的薪資提升為每天 3.5 美元。其實，亨利．福特也意識到工人的低薪資所引發的一系列問題，但是從公司利潤的角度考量，他又覺得日薪 5 美元的標準實在太高。對此，考曾斯並沒有退讓，他仍然堅持「日薪 5 美元」，同時，他從公司長遠發展規劃的角度耐心地勸諫老闆 —— 不要只顧眼前既得利益，應該把目光放遠。當亨利．福特答應把薪資提至每日 4 美元時，考曾斯依然毫不動搖，他發自肺腑地說：「5 美元一天的薪資，就是任何汽車公司從未有過的最好宣傳廣告。」在考曾斯的一番耐心勸諫下，亨利．福特最終接受了「日薪 5 美元」的建議。

由於考曾斯成功的勸諫，以及老闆的新薪資政策，福特公司的面貌很快就煥然一新。工人的積極度空前高漲，工作效率大幅度提升；而且由於加薪，工人們也有能力購買自己公司的汽車，這反過來又促進了福特公司的生產銷售。當時紐約報章社論對此曾高度評價道：「它有社會主義的所有好處，而沒有一點壞處。」

認準了就不再跳槽

華人社會見面的問候語，通常是「你吃飽了嗎？」這些年風氣不同，見面反而是問「你跳槽了嗎？」現今，跳槽已經成為社會的一道風景，幾年跳一次槽或一年跳幾次槽，似乎並不是什麼新鮮事。更有一些人總結經驗說：三四年跳一次槽，應該是現代人的正確選擇。一時間，跳槽似乎不再是一種職業選擇，而成為一種風氣、一種流行。

諸葛亮生活的年代，儒家思想已成正統，「忠」是重要的社會規範之一，跳槽當然絕不會在提倡之列，但跳槽的事情還是所在多多，比如呂布。諸葛孔明先生沒有跳槽，他跟定一個老闆後就沒再離開，因為他認定這是一家可以施展才華、實現抱負的好企業。

話說劉備正安排禮物，要去隆中拜見諸葛亮，忽然有人報告說水鏡先生司馬徽來訪。劉備與司馬徽是熟人，兩人見面就聊了起來。談到諸葛亮的志向，說他常常自比管仲、樂毅，關羽有些不解，便問——「某聞管仲、樂毅乃春秋、戰國名人，功蓋寰宇；孔明自比此二人，毋乃太過？」徽笑曰：「以吾觀之，不當比此二人；我欲另以二人比之。」雲長問：「哪二人？」徽曰：「可比興周八百年之姜子牙、旺漢四百年之張子房也。」劉備三顧茅廬，終於見到了諸葛亮。諸葛亮問其志向，劉備說是「漢室傾頹，奸臣竊命，備不量力，欲伸大義於天下。」談到三國鼎立的局勢時，諸葛亮認為劉備不僅是「漢室之胄」，而且信義著於四海，總攬英雄，思賢若渴，所以希望他按照自己的想法去做。等到劉備請其出山，諸葛亮雖然推託了一次，接著就答應了，「將軍既不相棄，願效犬馬之勞。」

再說諸葛亮說動東吳與劉備聯盟抗曹，與周瑜開始密切合作。周瑜見諸葛亮的才能遠勝於自己，便想除掉他。魯肅不同意，二人最後商定「招此人事東吳」，並決定派已在東吳工作的諸葛亮之兄諸葛瑾去勸說。諸葛瑾即時上馬，徑投驛亭來見孔明。孔明接入，哭拜，各訴闊情。瑾泣曰：「弟知伯夷、叔齊乎？」孔明暗思:「此必周郎教來說我也。」遂答曰:「夷、齊古之聖賢也。」瑾曰：「夷、齊雖至餓死首陽山下，兄弟二人亦在一處。我今與你同胞共乳，乃各事其主，不能旦暮相聚，視夷、齊之為人，能無愧乎？」孔明曰：「兄所言者，情也；弟所守者，義也。弟與兄皆漢人。今劉皇叔乃漢室之胄，兄若能去東吳，而與弟同事劉皇叔，則上不愧為漢臣，而骨肉又得相聚，此情義兩全之策也。不識兄意以為何如？」瑾思曰：「我來說他，反被他說了我也。」遂無言回答，起身辭去。

按諸葛亮的才能，他有跳槽的資本；他不自己出頭，也會有獵頭公司找上門來。然而，諸葛亮終身都沒有跳過槽，甚至也沒有動過跳槽的念頭。對此，如果僅以忠誠來解釋，未免顯得單薄，也有點埋沒孔明先生的聰明智慧。忠誠固然是諸葛亮的重要特質，但智慧如他，應該不會做出愚忠這種行為，他是忠於劉氏集團的兩代老闆，但這不僅是對他們個人的忠誠，更是對集團價值觀的忠誠，是對自己事業的忠誠；如果沒有後者，他未必會忠下去，未必就不會跳槽。

顯然，劉氏集團的價值觀念、奮鬥目標，與諸葛亮是一致的；他自比管仲、樂毅，是說要當個幫助君主匡時救世的宰輔，而劉氏集團提供給他的，正是這樣的位置。在劉氏集團給他的這個位置上，諸葛亮可以大展宏圖、大顯身手，可以最圓滿地發展自己的職業，可以最充分地實現自己的人生價值，所以他才在這裡「一做就是一輩子」。

由此看來，跳槽與否，不能單從工作時間來考量，也不能單從薪水報酬來考量，如果有像諸葛亮那樣的情況，多工作些日子應該是更為可取的選擇。相應地，企業如果像劉氏集團給諸葛亮那樣的位置以及信任、嘉許，當然也就能減少跳槽、留住人才。

諸葛亮也不是沒有被獵過頭的，東吳就派諸葛瑾獵過。但諸葛亮為什麼不為所動、沒有跳槽呢？因為他認準了劉氏集團才是他理想的職業發展之地。諸葛亮知道孫吳最終也會成為鼎之一足，但它與正統的漢室無關，也就顯得沒那麼「正義」。此外，那裡的老闆、同事也比較難相處一些。劉備是個放任型老闆，充分信任諸葛亮，又有正統的身分，這些孫權有所不及；而那東吳大都督周瑜，不在同個公司時要殺，到相同公司後就未必不殺，雖說他殺諸葛亮是為東吳少一個勁敵，其實也是希望自己少一個對手，況且即使相安無事，他又能給諸葛亮什麼樣的職務？這職務又豈能讓孔明施展管、樂之才？

雖然說專業經理人、尤其是高層專業經理人跳槽，是令現在企業老闆頭痛的事情，時勢使然，風氣也未必就能很快改變；但也不必把這個問題看得太過嚴重，時不時跳槽的人，未必就是幹才；同樣，對專業經理人來說，跳槽後找到的，也未必就是理想的位置。況且跳槽也是有成本的，物質損失不說，一個頻頻跳槽的專業經理人，恐怕漸漸地就會讓人懷疑他的職業操守，導致沒人敢用，最終不得不降而求其次 —— 呂布就是一個例子，跳來跳去，最後戴上了一頂「三姓家奴」的帽子，要多寒酸，有多寒酸。

因此，初出校門的年輕人，由於種種原因，較為頻繁地跳槽，是職業規劃的正常選擇；而已經在企業組織裡擔任主管之職的人，跳槽時就須謀定而後動，跳就要跳出聲色來。

1981 年，傑夫．費迪格（Jeff Fettig）從印第安納大學 MBA 畢業，進入惠而浦（Whirlpool）工作。當時的惠而浦僅僅是美國國內稍有實力的家電製造企業，還沒有能力挺進國際市場。如今，惠而浦發展成為一家製造白色家電的大型企業，產品行銷多個國家和地區。1999 年，惠而浦的全球銷售額突破 100 億美元，它在白色家電行業的領先地位已無法撼動。

幾十年的時光，費迪格和惠而浦榮辱與共、不離不棄，這其中有什麼原因嗎？

費迪格自己的解釋是，他喜歡他的工作，而且他在惠而浦總有機會。

事情的確是這樣的。出身農家的費迪格，從小就有從商的願望，所以他選擇讀 MBA，選擇進入惠而浦。進入惠而浦後，費迪格得到信任和重用，不久，他便調赴歐洲，當上惠而浦電器集團市場副總經理。在歐洲，費迪格打破傳統的行銷信念，發動「泛歐行銷計畫」，這個計畫使得在歐洲市場從零開始的惠而浦一炮而紅，一躍成為歐洲家電第三品牌。

在歐洲的出色表現，使惠而浦公司的董事們對費迪格更加器重。費迪格先後又擔任過惠而浦北美電器集團市場銷售副總經理、惠而浦全球執行委員會委員、惠而浦亞洲總經理，1999 年 6 月，費迪格出任惠而浦總經理兼營運長（CEO）。

費迪格認準了惠而浦，就一心一意地做下去，一做就是好幾十年。他的忠誠職守，不僅讓惠而浦越來越強盛，而且也讓自己的事業有了更多的突破。很難說是費迪格造就了惠而浦，還是惠而浦成就了費迪格。總之，兩者是雙贏的。

榜樣的力量是無窮的

提到「榜樣」二字，也許有人會覺得有點土、有些俗。其實，在我們這個「自以為是、個性張揚」的時代，模仿、效法也許比任何時候都來得既深且廣，只是換了個新鮮的詞彙——「偶像」。榜樣也好，偶像也罷，古往今來的人們大多會受到一些人的影響，自覺或不自覺地學習他們，向他們看齊。因此，從另外一個方向來說，當然就可以利用人性的這個特點，對別人施加影響。現代管理學正是基於這種「近朱者赤，近墨者黑」的人際原理，賦予企業主管人員一個任務，就是樹立榜樣，以身作則。

諸葛亮是個好主管，他的品德、才幹都值得人們學習，他的言論行事也值得人們效法；而諸葛孔明先生本人，也有意無意當了一個好榜樣，對他的團隊成員施加了良好的影響，與他出身相近、秉性相仿的人如此，與他出身不同、性格迥異者亦復如是。

話說張飛率軍到巴郡城外，魏軍守將嚴顏「據守城郭，不豎降旗。」張飛先是遣人送信去辱罵，又是出兵搦戰，這嚴顏「並無動靜」。又罵了一日，依舊空回。張飛在寨中，自思：「終日叫罵，彼只不出，如之奈何？」猛然思得一計，教眾軍不要前去搦戰，都結束了，在寨中等候；卻只教三、五十個軍士，直去城下叫罵，引嚴顏軍出來，便與廝殺。張飛摩拳擦掌，只等敵軍來。小軍連罵了三日，全然不出。張飛眉頭一皺，又生一計，傳令教軍士四散砍打柴草，尋覓路徑，不來搦戰。嚴顏在城中，連日不見張飛動靜，心中疑惑，著十數個小軍，扮作張飛砍柴的軍，潛地出城，雜在軍內，入山中探聽。

當日諸軍回寨。張飛坐在寨中，頓足大罵：「嚴顏老匹夫！枉氣殺我！」只見帳前三、四個人說道：「將軍不須心焦。這幾日打探得一條小路，可以偷過巴郡。」張飛故意大叫曰：「既有這個去處，何不早來說？」眾應曰：「這幾日卻才哨探得出。」張飛曰：「事不宜遲，只今二更造飯，趁三更明月，拔寨都起，人銜枚，馬去鈴，悄悄而行；我自前面開路，汝等依次而行。」傳了令，便滿寨告報。

探細的軍聽得這個訊息，盡回城中來，報與嚴顏。顏大喜曰：「我算定這匹夫忍耐不得！你偷小路過去，須是糧草輜重在後；我截住後路，你如何得過？好無謀匹夫，中我之計！」即時傳令，教軍士準備赴敵：「今夜二更也造飯，三更出城，伏於樹木叢雜去處。只等張飛過咽喉小路去了，車仗來時，只聽鼓響，一齊殺出。」傳了號令，看看近夜，嚴顏全軍盡皆飽食，披掛停當，悄悄出城，四散伏住，只聽鼓響；嚴顏自引十數裨將，下馬伏於林中。約三更後，遙望見張飛親自在前，橫矛縱馬，悄悄引軍前進。去不得三四里，背後車仗人馬，陸續出發。嚴顏看得分曉，一齊擂鼓，四下伏兵盡起。正來搶奪車仗，背後一聲鑼響，一彪軍掩到，大喝：「老賊休走！我等的你恰好！」嚴顏猛回頭看時，為首一員大將，豹頭環眼，燕頷虎鬚，使丈八矛，騎深烏馬，乃是張飛。四下裡鑼聲大震，眾軍殺來。嚴顏見了張飛，舉手無措，交馬戰不十合，張飛賣個破綻，嚴顏一刀砍來，張飛閃過，撞將入去，扯住嚴顏勒甲絛，生擒過來，擲於地下；眾軍向前，用索綁縛住了。原來先過去的是假張飛。料道嚴顏擊鼓為號，張飛卻教鳴金為號，金響諸軍齊到。川兵大半棄甲倒戈而降。張飛進入巴郡城中，叫「休殺百姓，出榜安民」，還義釋了嚴顏。

卻說不久以後，張飛又與魏軍大將張郃對陣，這張郃又是任攻任罵，堅守不出；要不就是以罵還罵，動口不動手。如此一連五十多天，弄得張飛無計可施。於是，張飛在山前紮住大寨，每天飲酒，喝醉了就坐在山前辱罵。玄德差人犒軍，見張飛終日飲酒，使者回報玄德。玄德大驚，忙來問孔明。孔明笑曰：「原來如此！軍前恐無好酒；成都佳釀極多，可將五十甕作三車裝，送到軍前與張將軍飲。」玄德曰：「吾弟自來飲酒失事，軍師何故反送酒與他？」孔明笑曰：「主公與翼德做了許多年兄弟，還不知其為人耶？翼德自來剛強，然前於收川之時，義釋嚴顏，此非勇夫所為也。今與張郃相拒五十餘日，酒醉之後，便坐山前辱罵，傍若無人：此非貪杯，乃敗張郃之計耳。」玄德曰：「雖然如此，未可託大。可使魏延助之。」孔明令魏延解酒赴軍前，車上各插黃旗，大書「軍前公用美酒」。魏延領命，解酒到寨中，見張飛，傳說主公賜酒。飛拜受訖，分付魏延、雷銅各引一支人馬，為左右翼；只看軍中紅旗起，便各進兵；教將酒擺列帳下，令軍士大開旗鼓而飲。有細作報上山來，張郃自來山頂觀望，見張飛坐於帳下飲酒，令二小卒於面前相撲為戲。果然，張郃中了張飛的計，丟了三個寨子，大敗而逃。「張飛大獲勝捷，報入成都。玄德大喜，方知翼德飲酒是計，只要誘張郃下山。」

在一個團隊裡，團隊成員之間的互相影響是必然的，但就影響力而言，則是團隊的負責人更大一些。這不僅是因為團隊負責人有企業賦予的權力，更在於他是團隊中才幹更為出色、經驗更為豐富、職業道德也更為突出的人。正是基於這樣的原理，企業組織要求它的每一位管理者樹立榜樣、以身作則；同樣，聰明的管理者也大多採用這種方法，實行「無言」

的管理。這裡的榜樣，絕不僅僅是指技能、技術的榜樣，而更是指理解、貫徹企業精神和規範的榜樣。比如，大多數企業都有其文化，即該企業的經營最看重什麼；而身為榜樣的管理者，就要準確而深入地理解這個文化，並把它貫徹在具體工作之中。又比如，一個企業的文化崇尚嚴謹的工作作風，這個企業的管理者就要用自己的行動告訴團隊成員什麼才是嚴謹、怎樣才可以做到嚴謹。

在三國時代的劉氏集團中，除老闆劉備之外，最富影響力的恐怕是諸葛亮。他不僅位高權重，更德才俱佳，因此成為人們效法的榜樣也就十分自然。與之相應，諸葛亮忠心耿耿、勤懇任事、嚴於律己、謙遜謹慎，是自己的操守，也是對別人的要求，只不過他不是用「言」、更多的是用「行」提出這種要求的，希望別人以自己為榜樣，為劉氏集團竭心盡力。在與司馬懿最後一次對陣時，同僚勸他不必「親理細事」，他說「唯恐他人不似吾盡心也」，說明他勤勤懇懇、親理細事，有以身作則的用意。而事實上，諸葛亮以身作則也確實發揮極其巨大的榜樣力量。劉氏集團入川以後，在諸葛亮的領導——這種領導絕非指手畫腳，而是以身作則——下，蜀中文武百官無不同心戮力，不久遂使兩川之地民富兵強，全境清明。

《三國演義》中的諸葛亮以智慧超群而著稱，用兵如神，屢建殊勛。他的這一特點，同樣對團隊中的成員產生積極的影響，像他一樣任參謀一類的人不說，就是劉備所謂「勇須二弟」的關羽和張飛，也學著軍師用起計來。關羽在拒還荊州、單刀赴會那兩個環節，巧妙地運用了談判技巧，保住了荊州；張飛在降嚴顏、敗張郃兩戰中，一計不成、又是一計，計計都有孔明用兵之妙，不僅智計高得讓嚴顏、張郃上了當，就連他的兄長劉玄德也未能看出來。怪不得諸葛亮要對劉備道賀說：「張將軍能用謀，皆主公之洪福也。」只是張飛用謀確實是劉備的洪福，但卻不是劉備的洪福所致，而是諸葛亮榜樣力量作用的結果。猛張飛尚且能在團隊中耳濡目染，從諸葛亮身上學到一些使用計謀的信念和本領，不以力量，而是以智慧打敗敵人，可見榜樣的力量是多麼巨大和神奇。

姜維是諸葛亮的軍事接班人，也是劉氏集團晚期征戰的主要領軍人物。對姜維而言，諸葛亮軍事謀略的影響固然很大，但諸葛亮忠誠盡職的品格，影響恐怕更大。司馬懿謀殺曹爽、夏侯霸投降蜀漢後，姜維向後主劉禪請求北伐，尚書令費禕勸阻，姜維說：「不然。人生如白駒過隙，因此遷延歲月，何日恢復中原乎？」司馬懿長子司馬師死後，姜維上奏後主「乘間伐魏」，征西大將軍張翼勸阻，姜維說：「今吾既受丞相遺命，當盡忠報國以繼其志，雖死而無恨也。」在大敗以後，姜維「照武侯街亭舊例」，上表自貶為右將軍，但仍然主持大將軍的工作。茲言茲行，與諸葛孔明如出一轍，可見諸葛亮榜樣作用的巨大和深入。

只是「榜樣，榜樣，依樣學樣」，好的能學，壞的當然也能學。姜維學了諸葛亮積極的東西，也學了一些不積極的東西。由此觀之，領導者、管理者樹立榜樣、以身作則，還要慎而又慎，以免「朱」、「墨」俱下，「赤」、「黑」混雜，好榜樣沒做成，卻造成壞典型的作用。

當人們詢問日本三洋電機公司的掌門人井植薰「三洋究竟製造些什麼」時，井植薰的回答是：「三洋製造商品，而這些『優秀商品』是三洋製造的『優秀的人』製造出來的，但三洋製造的遠不只這些，三洋還製造『自己』。」井植薰深深懂得「欲善人，先善己」的為人處事哲理，所以，他以「製造自己」來要求三洋的每一位員工，同時，他也在造就自己。正是他的「自我造就」，先給三洋人樹立了一個榜樣。

井植薰在三洋的「自我造就」，就是處處以身作則，處處身先士卒，處處發揮模範、表率的作用。他意味深長地說：「要是認為公司規則只是為普通職員制定的話，那就大錯特錯了。它應該包括公司所有人在內都必須遵守的規則，上至部門經理、總經理、董事長在內的高層管理、決策者。如果認為自己是總經理、董事長，下面的事有人暫代完成，忙時偷閒，晚幾十分鐘上班，『沒有人能管我，只有我能管別人』，那是絕對行不通的。大家都知道『上行下效』吧？前面有榜樣，後面有行為。這種仿效作法用不了天長日久，就會造成全公司上下的懈怠作風，它足以讓一個前景美好的公司面臨痛苦深淵，甚至毀滅。危害之嚴重，令人深以為戒。一個總經理，不自己造就自己，可以嗎？」

井植薰要求董事提前幾分鐘上班，沒有必要的事情要做，就推遲幾分鐘下班。對此，他首先做到。井植薰在三洋總是提前幾分鐘上班，如果沒有其他不可推託的應酬，就推遲 15 分鐘下班。

對三洋的管理人員，井植薰要求「工作 16 小時即可」。這意味著除了睡眠時間，其他時間腦子裡應該時刻裝著公司的工作。他說：「如果一個職員下班後一步跨出公司，就去過自己喜歡的生活，那一輩子都不可能升為主要職務……」在這一點上，井植薰要求自己一天 24 小時都要思量公司的工作，也就是說，有時連做夢也做三洋的夢，也做工作的夢。

大主管千萬別忘記找替身

替身，像代替影視主角玩命的那種？對。主管也要有替身？對。從某種意義上來說，主管人員的屬下或者其團隊成員，可以視為他的大腦和四肢的延伸，說是他的「替身」也沒錯；而主管人員授權行使他職權的那些人，不正是他的替身？此外，主管人員的接班人，更是他實實在在的替身。因此，為了工作的成效，為了企業發展後繼有人，主管人員必須注意培養人才，找好替身。

諸葛高才，恐怕能跟他比肩的人物幾百年都出不了一個，但這不能成為不找替身的理由。讀《三國演義》，知道諸葛亮事必躬親、鞠躬盡瘁，好像事情他都做完了；其實，孔明先生還是頗為注意培養人才的，也確實為劉氏集團培養了不少文武幹才，還在晚期為自己找到了替身。

話說諸葛亮率軍進取天水，卻有姜維輔佐天水太守馬遵，識破了孔明的計謀，並上陣敗了蜀將趙雲。趙雲歸見孔明，說中了敵人之計。孔明驚問：「此是何人，識吾玄機？」有南安人告曰：「此人姓姜，名維，字伯約，天水冀人也；事母至孝，文武雙全，智勇足備，真當世之英傑也。」趙雲又誇獎姜維槍法，與他人大不同。孔明曰：「吾今欲取天水，不想有此人。」接下來的一仗，蜀軍被姜維打得亂竄，孔明也幸虧有關興、張苞的保護才突出重圍。見到姜維軍馬嚴整的陣形，孔明嘆曰：「兵不在多，在人之調遣耳。此人真將才也！」回到營寨裡抱病思考良久，諸葛亮想出了收降姜維的計謀。不久，姜維被困無奈，「尋思良久」，只得下馬投降。這時，「孔明慌忙下車而迎，執維手曰：『吾自出茅廬以來，遍求賢者，欲傳授平生之學，恨未得其人。今遇伯約，吾願足矣。』」

不料天不假年，諸葛亮積勞成疾，病勢日漸沉重。姜維入帳，直至孔明榻前問安。孔明曰：「吾本欲竭忠盡力，恢復中原，重興漢室；奈天意如此，吾旦夕將死。吾平生所學，已著書二十四篇，計十萬四千一百一十二字，內有八務、七戒、六恐、五懼之法。吾遍觀諸將，無人可授，獨汝可傳我書。切勿輕忽！」維哭拜而受。孔明又曰：「吾有『連弩』之法，不曾用得。其法矢長八寸，一弩可發十矢，皆畫成圖本。汝可依法造用。」維亦拜受。諸葛亮去世之後，姜維果然挑起他留下的擔子，不負重託。

眾所周知，現今的世界早已不是「個人英雄」縱橫天下的時代，集體領導已經遍及各式各樣的組織之中，人們對個人英雄的貶抑和對大眾意志的抬舉，已經到了無以復加的程度。但令人不解的是，無論在國家管理方面，還是在企業經營領域，還是有那麼多的個人英雄魅力十足，甚至可以左右一個組織的盛衰成敗。就企業界來說，無論國內還是國外，總是有一些企業因為某一個領頭者的苦心經營而成就卓越，或因為這個人的離去而黯然失色。由此，人們也開始反思一些問題，更有人行動起來 —— 培養接班人。

三國時期還是一個個人英雄十分耀眼的時代，諸葛亮就是其中最為耀眼的明星之一。但一份事業，不可能由一個人完成，何況劉氏這種大集團的大事業。因此，諸葛亮十分注意招徠、發掘人才，也非常注重培養人才。當然，諸葛亮培養人才不像今天的上學、開培訓班，而是言傳身教，更多的是讓他們在實踐中鍛鍊。每當發現有用之才，他就委以重任，讓他們在實踐中出真知、長才幹。這樣做，效果十分明顯，劉氏集團原本沒那麼有名的人們，就是在這樣的「培養」中成長起來的，法正如此，鄧芝如此，王平如此，還可以數出一大串名字來。其實，如今現代企業組織也意識到培訓、進修的局限，擴大了實踐培養的力度，比如強調授權、注重團隊、專注於專案管理……等，就是這樣的表現。

身為劉氏集團的最高層主管，諸葛亮尋找替身、培養接班人也做得十分出色。蜀漢政權建立後，身為丞相的諸葛亮執掌軍國重事，是一個掌握全盤工作的人物，但出征北伐時，蜀都成都的事情，他卻不用操太多心。原因何在？一方面是有劉備在，一方面是有蔣琬、費禕等替身在，讓他可以專心前線的軍中之事。臨終之時，劉備要李福到前線問諸葛亮「丞相百年之後，誰可任大事者？」他回答說：「吾死之後，可任大事者：蔣公琰其宜也。」蔣公琰就是蔣琬，本是零陵湘鄉人，隨劉備大軍入川後，任一個縣的縣宰。蔣琬也像龐統一樣，對縣宰的事並不盡心，劉備對此非常生氣，可諸葛亮卻認為蔣琬是「社稷之器，非百里之才」。果然，在諸葛亮的培養重用之下，蔣琬先後任尚書郎、丞相府東曹掾、參軍、長史加撫軍將軍，且都有突出表現，因而諸葛亮認為他是自己最合適的接班人。諸葛亮去世後，蔣琬當了丞相、大將軍，錄尚書事。蔣琬之後的接班人，諸葛亮推薦費禕，他在諸葛亮去世後當了尚書令，和蔣琬一起處理丞相的事務。而諸葛亮的軍事接班人，則是他十分中意的姜維。從後來的情形看，姜維也確實是他那一輩人中最出色的，因此有人稱其為「又一孔明」（明代散文大家李贄語）。

嚴格來看，諸葛亮的接班人是接班了，但卻無論如何也達不到他的管理水準。這不奇怪，像諸葛亮這類的大主管，可以說是領袖型的人物，這類人物不可多得，並不是培養就能畢其功於一役的。但是，如果有好的企業文化和完善的制度，再加上合格的接班人，前任的管理績效足以維持，企業的穩步發展也就不成問題。這是諸葛亮給我們的第一個啟發，接班人的培養要與企業文化和制度建設結合；其次，培養接班人要趁早，因為大器的造就往往要有一個漫長而曲折的過程；再次，要在實踐中培養人才，因為實踐是最好的課堂。

奇異公司的所有高層管理人員都被要求在內部為自己培養接班人。1981 年，傑克．威爾許接過公司 CEO 雷吉納．瓊斯（Reginald Jones）的接力棒，成為瓊斯的「替身」 —— GE 第八任 CEO。而為了尋找這個「替身」，瓊斯經過歷時四年的嚴格選拔程序，最終才選定了與自己性格迥異的威爾許。威爾許不負瓊斯的厚望，最終成為一名享譽世界的「全球第一 CEO」。

1991 年，距任期屆滿還有十年，然而，為了 GE 的發展，他開始考慮尋找自己的「替身」。他說：「從現在起，挑選誰來接替我的位置，是我要做的最重要決定。我每天都要對此進行相當多的思量。」能否為 GE 挑選一個合格的 CEO，這也是對威爾許在 GE 已經建立的不可磨滅的功勛的最後考驗。威爾許挑選「替身」的標準是：

- 精力充沛。
- 富有鼓動性，善於激勵別人。
- 富有遠見卓識。
- 勇於變革，不安於現狀。
- 不管是在印度德里還是在美國丹佛工作，都能感到自如自在。
- 善於與人相處，協調能力強。

1994 年，威爾許正式向 GE 董事會提交了一份手寫的 24 名候選人名單。接著，他每年都盡可能為董事們與候選人安排各種活動，諸如高爾夫球比賽、宴會、舞會等，透過這些活動，讓董事們與候選人見面、接觸、交流，以便多方面地了解候選人。其間，威爾許也組織董事們深入「第一線」——GE 的幾家公司，實地考察、了解候選人的管理特長、人際關係、個人業績等各方面的情況。

1997 年，董事會經過多次集中討論，最後把候選人的目標鎖定在八人之中。半年之後，威爾許把他們放在 GE 的重要職位上，以此做最後的考驗。經過兩年的考察，威爾許又從中選定三人當作自己「替身」的候選人。

2000 年 7 月，威爾許終於從這三位候選人中找到一位最合適的「替身」，他就是傑佛瑞・伊梅特（Jeffrey Immelt）。

事必躬親，管理者的大忌

主管、主管，「管」是本分。但「管」並非只是指手畫腳，還要親歷親為，以身作則；同樣，以身作則也並非要事必躬親，重要的是樹立行為準則，並對屬下加以督導。身為主管，應該以身作則，但絕對不能不分鉅細、事必躬親；事必躬親，無異於自取敗績。要知道，領導者身先士卒、衝鋒陷陣的時代已經過去，運籌帷幄、居中策劃成為主要任務。前者雖可以振奮士氣，但未必能扭轉戰局；後者遠離戰陣，卻可以決勝千里。

諸葛亮是一個極其嚴謹、勤奮的人。身為劉氏集團、蜀漢政權的高層主管，他是以身作則的典範，也是事必躬親的典型，在這一點上，他為我們後人、尤其是身居形形色色主管之位的人，留下了深刻的經驗教訓，值得深長思之。

卻說諸葛丞相在成都，事無大小，皆親自從公決斷。兩川之民，忻樂太平，夜不閉戶，路不拾遺。又幸連年大熟，老幼鼓腹謳歌，凡遇差徭，爭先早辦。因此軍需器械應用之物，無不完備；米滿倉廒，財盈府庫。軍需完備、米滿倉廒、財盈府庫以後，諸葛丞相覺得具備了執行先帝遺命的條件，便先南征、後北伐，倒也多有所獲。只是時移事易，優勢已經不在蜀漢這邊。諸葛亮兩次上表北伐，蜀、魏兩軍膠著於五丈原，深知諸葛亮的司馬懿堅守不出，以逸待勞。諸葛亮無奈送了女人衣服並書信羞辱，但司馬懿仍不為所動 —— 司馬懿看畢，心中大怒，乃佯笑曰：「孔明視我為婦人耶！」即受之，令重待來使。懿問曰：「孔明寢食及事之煩簡若何？」使者曰：「丞相夙興夜寐，罰二十以上皆親覽焉。所啖之食，日不過數升。」懿顧謂諸將曰：「孔明食少事煩，其能久乎？」使者辭去，回到五丈原，見了孔明，具說：「司馬懿受了巾幗女衣，看了書札，並不嗔怒，只問丞相寢食及事之煩簡，絕不提起軍旅之事。某如此應對，彼言：『食少事煩，豈能長久？』」孔明嘆曰：「彼深知我也！」主簿楊顒諫曰：「某見丞相常自校簿書，竊以為不必。夫為治有體，上下不可相侵。譬之治家之道，必使僕執耕，婢典爨，私業無曠，所求皆足，其家主從容自在，高枕飲食而已。若皆身親其事，將形疲神困，終無一成。豈其智之不如婢僕哉？失為家主之道也。是故古人稱：坐而論道，謂之三公；作而行之，謂之士大夫。昔丙吉憂牛喘，而不問橫道死人；陳平不知錢穀之數，曰：『自有主者。』今丞相親理細事，汗流終日，豈不勞乎？司馬懿之言，真至言也。」孔明泣曰：「吾非不知。但受先帝託孤之重，唯恐他人不似我盡心也！」眾皆垂淚。自此孔明自覺心神不寧。

在注重細節、強調執行的今天，似乎企業主管人員事必躬親也未嘗不可，彷彿這樣方才對細節夠執著，對執行夠賣力。然而，這見解大謬不然，不僅違背普遍的管理原則，也歪曲細節與執行的本質內涵。身為管理者的主管，他當然要做事，但他首先做的是那些他應當做的，而不是越俎代庖，做屬下、員工的事情；其次，下屬的事情也不妨做做，但用意應在體會了解、協調指導，不能為做事而做事。

是的，一個企業的管理者必須全身心地關注企業的日常營運，從而建立一種「踏踏實實」做事的企業作風，但是，你只要以身作則即可，就像服裝打版師只要做出衣服的版樣即可，不必把每一件衣服都縫好；一個企業的管理者，也必須對企業內外狀況有全面綜合的了解，而這種了解需要體會，這是別人所不能代勞的。但是，你只要一葉知秋，就像要知道一片林果的味道，只需嘗一顆即可，不必把整個果園的果子都吃完。

諸葛亮忠於職守、勤懇任事，實在是以身作則的典範。他是這樣做的，也是這樣說的。同僚勸他不必「親理細事」，他說「唯恐他人不似我盡心也」，可見其親理細事有以身作則的用意。以身作則沒有錯，親理細事也未嘗不可；但諸葛亮太過度了，他「事無大小，皆親自從公決斷」，而且事情小到「罰二十以上皆親覽」。因此，難怪他勞累過度、積勞成疾、「出師未捷身先死」了。諸葛亮看似萬事聰明、只是一事糊塗（其實不只一事），卻徒留笑柄給後世大大小小之耳！

說諸葛孔明先生「徒留笑柄」，似乎有點殘忍，因為他是那樣敬業、勤業。然而，身為一個組織的營運者、一項事業的領導者，他事必躬親實在是錯得離譜，而且得不償失。對其人來說，他必然因小失大，具體「細事」是做好了，身為主管者、領導者的策略規劃、策略運用、方針貫徹、人才培養、員工督導……則可能因之而耽誤；要麼則是竭力兩者兼顧，結果疲於奔命，且也難免顧此失彼。更為有害的是，一個主管者事必躬親，會讓他的團隊喪失戰鬥力，一方面，這會損害自己的形象，失去下屬對你的信任 —— 因為你事必躬親似乎意味著不信任他們，大家甚至會袖手旁觀在那裡看你的「把戲」，此時的你發揮不了以身作則的作用，倒是作繭自縛的效果會十分明顯；另一方面，這會挫傷你的團隊成員的積極度、創造性，久而久之，團隊的戰鬥力必然會受到損害。

敬業盡責的企業主管都希望把事情做好，但做好事情並不一定事必躬親。無論是哪一個層級的主管，都要學會找「替身」，讓「替身」去完成那些具體任務；而你的責任之一，是找到「替身」人選，培養他、打磨他，然後充分授權，讓他們放手去做。如果有了招之即來、來則能戰的替身，你就是「齊天大聖」！

通用汽車（General Motors）超過福特，成為全世界最大的汽車製造工業公司，這主要應該歸功於通用總經理——艾爾弗雷德·斯隆（Alfred Sloan）在通用汽車公司實行的分散經營策略。

還在任通用汽車副總經理時，斯隆就已經發覺了通用汽車在經營管理上的弊病：公司將領導權完全集中在少數高階管理人員身上，他們事無鉅細、事必躬親。這樣，公司高層管理人員的精力陷入瑣碎事務之中，而下屬的積極度、創造性卻受到扼制。斯隆認為，通用汽車想發展，必須改革這種高層管理者「事必躬親」的體制。為此，斯隆提出「分散經營、協調控制」的策略，其核心是公司的上層進行決策，制定公司的政策方針，下層實施公司的計畫、策略。升任通用汽車總經理後，斯隆便開始正式實施「分散經營」的策略，比如，公司總管理處由「總執行經理」帶領，下面分成四個事業總部——汽車、零件、配件、雜品，分別由「事業總部執行經理」來監管。在企業的競爭中，斯隆把兼併的小公司合併成一家大公司，但並不是讓那些小公司淹沒在大公司的汪洋大海之中，完全由大公司來導航，而是小公司依然具有自主權，並擁有自己的管理機構和嚴格的財務管理權。

經過一番「分散經營」的改革，一方面，通用汽車的高層管理人員從日常瑣碎事務中脫身，全身心地投入公司的決策中；另一方面，其他下屬的責任心、創造性被大大激發出來，生產效率自然也就大大地提升了。

由於通用採用「分散經營」的策略，克服了「事必躬親」的弊端，最終戰勝了它的強大勁敵——福特。

為自己、也為部屬規劃職業發展

每個人的一生之中，都要經過一段相對來說不短的職業生涯，因此，近些年來，職業生涯規劃成為人們關注的熱門話題。之所以關注，是因為規劃與否、規劃得好壞，會讓一個人活出兩種不同的人生。走上企業主管的職位，當然已經開始了職業生涯，但仍然需要規劃；同時，主管人員也有責任為其部屬實現他們的職業發展，做出努力。

諸葛亮在南陽躬耕壟畝的時候，並未打算當一輩子農夫，他的人生目標十分明確。加入劉氏集團以後，同事、部屬如雲，他也曾為這些人規劃過職業發展。諸葛亮自己的職業生涯是成功的，經他幫助者的職業生涯也是成功的。

話說水鏡先生司馬徽和劉備談論諸葛亮，提到他與崔州平、石廣元、孟公威、徐元直是密友，說五人在一起時，諸葛亮認為那幾個人當官可以當到刺史、郡守，別人問他如何，他笑而不答。隆中對策後跟隨劉備出山，諸葛亮說「吾受劉皇叔三顧之恩，不容不出」，至於出去做什麼，不言自明。

在魏主曹丕糾結五路大兵南下進攻蜀漢之時，諸葛亮退去四路兵馬，正在思考派誰出使東吳時，發現了鄧芝。諸葛亮派鄧芝赴東吳，鄧芝不辱使命。從此，鄧芝成為蜀漢一位優秀的謀士。

姜維歸降以後，諸葛亮認為他是可以繼承自己衣缽、傳授平生所學的人。此後的姜維果然如此。

在〈前出師表〉中，諸葛亮告訴後主劉禪，宮裡的事，無論大小，都可以請教郭攸之、費禕、董允；軍隊裡的事情，不論大小，都可以請教向寵。

企業的主管人員，涉及兩個方面的職業發展問題，一是如何發展自己的職業，比如如何選擇、接受機會，怎樣獲得晉升和事業空間等；一是關注部屬的職業，訓導、督促、幫助他們，為他們的職業發展做出自己的貢獻。

當今社會，人們大多已經不會終其一生從事一個職務或一種工作了，終身待在一家企業的情況也越來越少。現在的人們，在其職務追求上目標更明確，需要有更多的自主性、挑戰性；同時，社會提供的職業、職務選擇，也前所未有地廣闊，人們擁有相當大的選擇空間。在這種情況下，每個人無不積極規劃其職業發展，與此相應，企業同樣也要關注其員工的職業發展。

個人關注自己的職業發展自不待言，員工的職業發展對企業來說也是至關重要的。現在的企業越來越意識到，要關注員工的職業發展，可以滿足其需求，盡可能實現其個人價值，這是留住員工、促使他們實現企業目標的方法；培養現有員工比招募和訓練新員工，更有利於工作效率，也更節省成本，可以充分發掘員工的潛能，實現企業的更大效益；此外，職業發展還可以保證員工具備適應工作的能力，並且擁有適應企業未來需求的特質。

三國時代的那些梟雄，每一個都有明確的個人發展規劃，能力與規劃匹配的那些人，也個個都獲得突出的成就，曹操、孫權、劉備，都是如此。諸葛亮不是老闆，他的職業發展規劃就更為重要。他和崔州平等四人談話，說那些人只能當到刺史、郡守，而自己則不同；問他，他不說，但肯定是比刺史、郡守大。大到如何，從他自比管仲、樂毅來看，那就是當宰輔、當丞相。由此看來，諸葛亮的個人職業發展規劃是十分明確的。後來，他的職業發展也的確是照計畫進行的，獲得極大的成功。

身為劉氏集團的高層主管，諸葛亮也擔負著幫助同事和部屬等一幫兄弟規劃職業發展的責任。他的同事中，蔣琬、費禕、郭攸之、董允等，都得到過他對他們職業發展規劃的幫助；部屬更是如此，鄧芝、姜維、王平等，其職業發展可以說都是諸葛亮一手規劃出來的。正因為有諸葛亮對他們職業發展的關注和幫助，這些人才做得有幹勁、做得盡興、做得安心。

拿破崙（Napoleon）曾說過：「世界上沒有廢物，只是沒有被放對地方。」現代企業組織幫助員工實現職業發展的策略，比諸葛亮時代不知豐富了多少。相關專家指出，這些策略有：

1. 鼓勵管理階層和部屬討論其職業發展規劃。各級主管人員要透過與部屬分享有關企業職業發展機會的資訊，幫助他們進行職業發展規劃，並獲得成功。主管人員都要就發展問題與其部屬談話，以減少效率低下的現象，促使員工走上其追求與公司需求一致的道路。
2. 豐富職務魅力。透過增加新的表現機會或增加權威感，讓員工覺得工作具有吸引力。
3. 運用輪換工作制度。包括職務、部門等的輪換。
4. 提供職業發展必需的再教育或培訓。
5. 辦理職業發展進修研討會。這種方法可以幫助員工弄清自己的價值觀和目標，抓住工作的特點，提高工作興趣。
6. 給員工提供與職業發展諮詢專家接觸的機會。

營造事業發展的關係網

「關係網」對現代人來說，可謂愛恨交加：恨，是恨它串起了多少私利，影響社會的合理執行，損害了人們的正當利益；愛，是愛它若為己用，也可以謀得利益。實際上，在社會生活中，人與人之間不得不產生關係，而且也應該建立自己的關係網。只是這種網既不能違法、違紀，也不應該違反基本的道德準則。這樣，不僅對個人有益，也對社會有益。

關係網可以有許多層面，比如私交的層面、興趣的層面，當然也可以有職業的層面。企業的管理者尤其應該建立自己職業層面的關係網，操作得當，這對自己會有許多益處。且看諸葛亮的關係網和這關係網的作用。

話說劉備躍馬過檀溪，在南漳的山林中拜訪水鏡先生司馬徽。司馬徽預言當世奇才伏龍、鳳雛將歸劉備，劉備便急欲見到兩位高人。隨後，劉備在新野縣城裡遇到徐庶，不料徐庶又被曹操誑騙過去，好在他臨去時「走馬薦諸葛」。劉備一門心思去請伏龍諸葛亮出山，但前兩次連人影都未見到，倒是遇到諸葛亮的一群朋友，包括崔州平、石廣元、孟公威。這些人和諸葛亮的關係，司馬徽有言道：「孔明與博陵崔州平、潁川石廣元、汝南孟公威與徐元直四人為密友。此四人務於精純，唯孔明獨觀其大略。

嘗抱膝長吟，而指四人曰：『公等仕進可至刺史、郡守。』眾問孔明之志若何，孔明但笑而不答。每常自比管仲、樂毅，其才不可量也。」

再說曹操麾兵南下，劉備、孔明自知不敵，欲與孫吳聯合，但尚無門徑以通款曲。忽報東吳魯肅前來弔孝，孔明即定下計策：若問曹操動靜，劉備推說不知，讓他去問諸葛亮。肅見孔明禮畢，問曰：「嚮慕先生才德，未得拜晤；今幸相遇，願聞目今安危之事。」孔明曰：「曹操奸計，亮已盡知；但恨力未及，故且避之。」肅曰：「皇叔今將止於此乎？」孔明曰：「使君與蒼梧太守吳臣有舊，將往投之。」肅曰：「吳臣糧少兵微，自不能保，焉能容人？」孔明曰：「吳臣處雖不足久居，今且暫依之，別有良圖。」肅曰：「孫將軍虎踞六郡，兵精糧足，又極敬賢禮士，江表英雄，多歸附之。今為君計，莫若遣心腹往結東吳，以共圖大事。」孔明曰：「劉使君與孫將軍自來無舊，恐虛費詞說。且別無心腹之人可使。」肅曰：「先生之兄，現為江東參謀，日望與先生想見。肅不才，願與公同見孫將軍，共議大事。」商妥之後，諸葛亮由魯肅領著，到了東吳。到得東吳，魯肅給諸葛亮不少關照，不時地提醒他。

在到柴桑郡的路上，魯肅對諸葛亮說：「先生見孫將軍，切不可實言曹操兵多將廣。」孫權要見諸葛亮，魯肅又叮囑他：「今見我主，切不可言曹操兵多。」舌戰群儒後，正式見孫權之前，魯肅又說：「適間所囑，不可有誤。」見了孫權，諸葛亮故意誇獎曹操兵多將廣，魯肅不停地使眼色，諸葛亮卻裝作沒看見，說得孫權勃然大怒，拂袖而去。這時，又是魯肅過來打圓場。魯肅責孔明曰：「先生何故出此言？幸是吾主寬洪大度，不即面責。先生之言，藐視吾主甚矣。」孔明仰面笑曰：「何如此不能容物耶！我自有破曹之計，彼不問我，我故不言。」肅曰：「果有良策，肅當請主公求教。」孔明曰：「吾視曹操百萬之眾，如群蟻耳！但我一舉手，則皆為齏粉矣！」肅聞言，便入後堂見孫權。權怒氣未息，顧謂肅曰：「孔明欺吾太甚！」肅曰：「臣亦以此責孔明，孔明反笑主公不能容物。破曹之策，孔明不肯輕言，主公何不求之？」權回嗔作喜曰：「原來孔明有良謀，故以言詞激我。我一時淺見，幾誤大事。」便與魯肅重復出堂，再請孔明敘話。權見孔明，謝曰：「適來冒瀆威嚴，幸勿見罪。」孔明亦謝曰：「亮言語冒犯，望乞恕罪。」權邀孔明入後堂，置酒相待。說動了孫權，又去說周瑜。這一次，又虧了魯肅幫忙。之後的整個赤壁之戰中，魯肅在聯繫孔明與周瑜方面，做了不少工作。周瑜幾次欲殺孔明，也是魯肅加以阻止的，草船借箭的船也是魯肅幫孔明準備的。

現代管理學的關係網，指能夠相互幫助各自事業的人們，所營造的相互關聯體系。它包括四種類型：職業的，即同一職業的人們之間建立的關係，比如會計師、水電工等；同一階層的，指處於同一工作職位的人們建立的相互關係，如各個公司的總經理；特殊興趣的，比如同樣喜歡極限運動的人；職業與階層的，如電腦公司的銷售總監、入口網站的公關經理等。

對企業管理人員來說，建立關係網是開發和利用人際關係以推進事業發展進步的過程。有一張成功的關係網，可以為它的主人帶來多種、多樣的益處，諸如獲取豐富的資訊，共享管理經驗，獲得精神或物質層面的支持，得到某些意想不到的發展機遇，增加工作的樂趣……因此，聰明的企管人員總是主動、紮實地建立關係網，耐心、仔細地經營關係網，積極而謹慎地使用關係網。如果一個人的才幹夠出色，再輔以堅實有效的關係網，他的事業前景會遠比一個只有才幹而毫無關係的人要開闊許多。

現代的關係網，或許可以用古人所謂的「人和」、「人脈」來替代。一個人或一個團體，要成就一番大事業，天時、地利之外，還要有人和。

三國中的劉氏集團，因劉備和諸葛亮的身分、聲望和種種舉措，頗能得到「人和」。但「人和」是個大範疇，其實就是「大眾基礎」，能發揮重要作用，但在具體問題上，卻未必總是能奏效。對具體問題的作用，還是「人脈」來得有效，因此，可以說這「人脈」的意蘊與關係網更加吻合。諸葛亮就是一個人脈很廣的人物，他的關係網也確實幫了他不少忙。

漢末的那些智慧型人物，都和諸葛亮有些關係。司馬徽有，龐統有，更有那潁川四密友，關係十分深切。對孔明來說，他們或者產生烘雲托月的作用，或者發揮出謀劃策的實效。其中的徐元直，不僅有舉薦之功，後來雖身在敵營，偶爾也能通個風、報個信什麼的，倒是他的老闆曹操，對他的投入卻未能和收益成正比。

對手陣營中的魯肅也是諸葛亮關係網中的一個重要節點。魯肅為人厚道、有見識，一方面因為國事、一方面因為私交，他和諸葛亮建立了密切的關係，並發揮了重大的作用。孫劉抗曹聯盟的建立，他兩邊說合、上下疏通，功不可沒；孫劉聯盟能夠大敗曹操於赤壁，他同樣厥功至偉。沒有他，如果周瑜僥倖消滅了諸葛亮，這一仗誰勝誰負就很難說了。魯肅勸周瑜不殺諸葛亮，固然是出於國家利益的考量，私交的成分也還是有的。只說草船借箭他「私自」為孔明準備船隻一事，沒有交情，如何做到？至於後來吳蜀兩家在荊州問題上的拉鋸，魯肅也沒少照顧劉氏集團的情面，換成是別人，也許早就不是那個樣子了。

關係網中的節點不僅指組織以外的人，也包括組織以內的。無論出於工作需求還是個人興趣，在組織內部建立關係網也是可行的，同樣可以產生正面、積極的作用。但是，由於組織內部的人際關係更加複雜和直接，所以內部關係網的建立和運作要十分慎重，否則會產生反作用。

實際上，無論是內部還是外部的關係網，如果目的過於明顯、辦法過於生硬，其營建和運作可能會出現負面效應。有些人在建立業務關係時太過熱心，有些人則試圖以建立關係網來替代業務上的競爭，這樣做都會適得其反。就此，專家給出建立關係網，並使其成為業務發展和事業成長有益工具的建議：首先，確保建立關係網對雙方有利，成功的關係網意味著所得、所予互相平衡；其次，不要強加於人，要公平正直、要尊重別人；第三，不要期望奇蹟、不要急於求成；第四，花時間經營關係網，把它列入日常工作之中；第五，與成功者建立關係網，讓自己周圍都是能幹的夥伴、出色的人物。

堤義明素有「西武集團中興之祖」、「日本服務業第一人」之稱，他將西武集團從一家中型企業建設成掌控日本飯店、鐵道、百貨等服務行業的龐大企業帝國，與此同時，他也為自己營造了一個事業發展的關係網。

堤義明善於交際，他深知在企業經營中，個人的艱苦創業是必需的，但孤軍奮戰往往會陷入困境之中。因此，他十分注重在經營裡為自己營造事業發展的關係網。

有一次，西武集團的棒球隊 —— 埼玉西武獅獲得了日本職業棒球賽的總冠軍，西武集團為此召開一個慶功宴。在這個歡慶的場面上，出乎人們意料的是，竟然有一些日本財政界的要人以及企業界的名人參加，諸如名聲顯赫的稻山嘉寬、松下幸之助等。人們不禁要問：一個棒球隊的慶功宴，為何要邀請各界的名流呢？其實，這正是堤義明建立關係網的一個高招。借西武舉行棒球隊慶功宴之機，邀請名人來西武，一方面互相聯絡友情，另一方面讓他們加深對西武的印象。宴會上，堤義明還親自充當主持人，他幽默、風趣的談吐，時時引來賓客陣陣開心的笑聲與熱烈的掌聲。就這樣，堤義明的事業關係網也讓其樂融融的情誼編織得更加密實了。

堤義明平時很注重與企業界的老闆交往，在交往中培養彼此深厚的感情。他與松下幸之助就常有往來，關係較為密切。交往中，兩人互通訊息、取長補短，對各自的事業都獲益匪淺。

有時，為了公司的某項經營利益，堤義明也喜歡採用速戰速決的交際手法。一次，西武的運輸部門要訂購日產汽車，堤義明知道，日產汽車由新任社長石原俊掌握實權。於是主動與石原俊結交，一段時間內，高爾夫球場、棒球球場上，都能見到他們的身影。最終，兩人建立起友好的關係，而堤義明在這友好的關係中，也順利地買到了汽車。

就這樣，西武的發展在堤義明營造的事業關係網中，一步一步走向強大。

金氏世界紀錄中，全世界推銷汽車的最高紀錄，是平均每天銷售 6 輛，這是一個多麼令人吃驚的數字！這位奇蹟的創造者叫喬．吉拉德（Joe Girard），他已被譽為「全世界最偉大的業務員」。

許多人都在追問，喬．吉拉德是如何賣出東西的，難道有什麼祕訣？甚至連金氏世界紀錄認證機構在查證之前，還懷疑喬．吉拉德是否把車賣給租車公司。然而事實是，喬．吉拉德沒有任何祕訣，他的車也確實是一輛一輛賣出去的，只不過他在許多年前就養成一個習慣 —— 只要碰到人，他馬上就會伸手到口袋裡掏出名片。

喬．吉拉德的名片可以散發到任何一個他曾走過的地方。在餐廳吃飯，他在付小費時附上兩張名片；在看體育比賽時，他趁人們歡呼時，把名片丟擲出去；甚至成名後，在進行演講時，他也不忘把名片散發給每一個人。他唯一的目的就是讓人們知道他是誰、以及他是做什麼的。

時間久了，一張無形的關係網就這麼無邊無際地散開。許多人買車，第一反應就是找喬．吉拉德，而喬．吉拉德也把所有的客戶檔案匯入系統加以儲存，無論這些客戶最終是否選擇他的車，只要有接觸過，喬．吉拉德就會在特殊的日子裡，比如節日或生日，向這些客戶寄發郵件表達關心。這樣一來，任何客戶都無法忘記這個熱情的、充滿微笑和愛的汽車業務員，再後來，甚至有許多人寧願排著長隊，也要見他、買他的車。可見這張關係網有多厲害！

喬·吉拉德一生的經歷也十分坎坷，35 歲之前他換過 40 份工作，可仍然一事無成，35 歲時他從事建築生意失敗，身負巨債。喬·吉拉德說他去賣汽車是為了養家活口，而這一行他卻一做就是 50 年。50 年的努力，編織了一個繁茂的關係網，也織造出喬·吉德拉輝煌的人生。

打造優秀的團隊

人類為了實現某一目標、完成某種任務，分工合作越來越成為需求。而哪種合作組織最為有效呢？企業界為我們提供了典範，那就是團隊。由於團隊的獨特作用，近些年來，團隊建設已成為企業建設的重中之重；同時，這種組織還被推廣應用於公共行政管理等領域，成為現代社會組織最大的亮點。

諸葛孔明先生既做過軍事組織管理，也做過公共行政管理，總攬軍國重事，自然知道團隊的重要性。如果說劉氏集團早期高層管理團隊的建設還與他沒什麼關係的話，中晚期則可以說是他一手締造的了。他是劉氏集團最高層管理團隊的一員和建設者，更是這個集團中，低層及其他各種團隊的建設者。

話說劉備與關羽、張飛桃園三結義，後來又有趙雲加盟，文才也有孫乾、糜竺、簡雍等，自以為算個像樣的團隊，可以做些事情了。不料水鏡先生司馬徽大潑冷水說：「關、張、趙雲，皆萬人敵，惜無善用之人。若孫乾、糜竺輩，乃白面書生，非經綸濟世之才也。」劉備問及，水鏡曰：「伏龍，鳳雛，兩人得一，可安天下。」

劉備得了臥龍諸葛孔明，博望坡臨戰之時說：「智賴孔明，勇須二弟。」結果，這個團隊初戰告捷。

再說周瑜向吳侯孫權獻計讓劉備入贅東吳，乘機擊殺，結果弄巧成拙，反而成就了一對姻緣。這時周瑜又生一計，寫了封密信給孫權：瑜所謀之事，不想反覆如此。既已弄假成真，又當就此用計。劉備以梟雄之姿，有關、張、趙雲之將，更兼諸葛用謀，必非久屈人下者。愚意莫如軟困之於吳中。盛為築宮室，以喪其心志；多送美色玩好，以娛其耳目；使分開關、張之情，隔遠諸葛之契。各置一方，然後以兵擊之，大事可定矣。今若縱之，恐蛟龍得雲雨，終非池中物也。願明公熟思之。又說張松要勸劉璋請劉備入川，以拒曹操、張魯。正說間，主簿黃權站出來反對，說：「某素知劉備寬以待人，柔能克剛，英雄莫敵；遠得人心，近得民望；兼有諸葛亮、龐統之智謀，關、張、趙雲、黃忠、魏延為羽翼。若召到蜀中，以部曲待之，劉備安肯伏低做小；若以客禮待之，又一國不容二主。」

團隊是一種共享知識和技能，以合作且高效完成任務、實現目標的組織。團隊又可分兩種：一種是完整的、有永久性或較長時期工作關係的工作小組，稱「常態性團隊」，企業的經理團隊、部門等都是這樣的團隊，劉氏集團的核心階層也是這樣的團隊；另一種則是為完成某一特別專案而臨時組織的，稱為「功能性行動小組」或「專案團隊」，企業裡臨時組成的工作團隊、技術把關團隊等，就屬這種類型的團隊，劉氏集團每次征戰的人員組合，也可以視為這種團隊。

眾所周知，劉氏集團的核心管理團隊是劉、關、張、趙加諸葛亮。這個團隊有共同的願景目標，互相信任、忠誠，有凝聚力，交流暢通，更突出的是知識、技能結構合理。起初水鏡先生之所以說劉備的團隊不行，就是知識、技能結構不合理，沒有善用關、張、趙之人。等有了孔明，情況完全變了，因為知識、技能結構趨於合理，團隊成員可以透過共享知識、技能，發揮出遠勝於單獨一人相加的效應。周瑜、黃權都意識到了這一點。劉備之仁，關、張、趙之勇，孔明之智，均是一等一的，三者合作共享，成就不可限量。也正因此，周瑜才要設計拆散這個團隊；因為若不這樣，這個團隊幾乎是不可能戰勝的。

在劉氏集團的最高層團隊中，諸葛亮即是團隊的一員，也是協助劉備建設這個團隊的重要力量。曾幾何時，這個團隊被諸葛亮經營得戰無不勝，讓曹魏、孫吳集團為之側目。但是，一旦團隊成員之間不能實現知識、技能的共享，問題就出來了。關、張都是隻身在外獨自執行任務時殞命的，劉備也是在獨自率軍征戰東吳時大敗的。倒不是說團隊有了空間的距離就失去作用，空間距離並不會離散一個團隊，關鍵的問題是，他們之間少了凝聚力和信任感，無法開誠布公地交換意見，未能有效地解決相互間的衝突和問題。關、張聽不進劉備等人的話，劉備又聽不進諸葛亮、趙雲的勸，劉、關、張在此情形下，都未能共享諸葛亮之智，團隊作用未能發揮，失敗也就如影隨形了。

劉備去世以後，諸葛亮的團隊建設依然做得不錯。劉備的仁已經深入蜀漢臣民之心，勇則有趙雲、黃忠、魏延等人，諸葛亮之智未曾消解，還是一個優秀的團隊，因此蜀漢政權才能不僅安土富民，還能開疆拓土。此時的團隊，諸葛亮實際上成了班長。就是在星隕五丈原後，諸葛亮留給劉禪的，還是一個不錯的團隊。出征前，他在〈出師表〉裡已經詳述：「侍中、侍郎郭攸之、費禕、董允等，此皆良實，志慮忠純，是以先帝簡拔以遺陛下。愚以為宮中之事，事無大小，悉以諮之，然後施行，必得裨補闕漏，有所廣益。將軍向寵，性行淑均，曉暢軍事，試用之於昔日，先帝稱之曰『能』，是以眾議舉寵以為督。愚以為營中之事，事無大小，悉以諮之，必能使行陣和睦，優劣得所也。」因此他也才說：「吾所用之人，不可輕廢。」只是此時已經再無一個堪當重任的班長，先主之澤已斬，這個團隊的知識、技能結構和運作，已經出現嚴重缺陷，作用日漸減少了。

那麼，怎樣的團隊才是一個優秀的團隊呢？美國管理諮詢顧問曾總結出高效團隊的十條特點，提倡團隊建設應以此為目標。這十條特點是：

1. 所有成員都會全力以赴致力於完成他們承擔的團隊目標和使命。
2. 團隊成員是在一個相互信任、坦誠布公的環境中工作的。
3. 團隊成員覺得他們屬於這個團隊，並能自願地參與一切工作。
4. 根據成員的不同經驗、意見和觀念來分派工作，並對他人予以充分的尊重。
5. 團隊成員不斷有機會學習新東西、進行自我提升，這有助於團隊糾正其錯誤，並使問題得以解決。
6. 所有團隊成員都理解自己的角色和責任，同時尊重並樂於運用他人的技術和知識。
7. 團隊成員集體決策。
8. 團隊成員間能坦誠布公地直接交換意見，並能客觀、耐心地聽取他人的意見。
9. 團隊成員間能順利解決衝突而不致引起怨憤和敵意。
10. 團隊領導者 —— 不管是永久性的還是輪流的 —— 能積極參與並真正發揮作用。

希爾頓國際飯店集團享譽世界，它的創立者希爾頓（Conrad Hilton）被人們稱為「旅館大王」。人們在探求希爾頓成功經營的方法時，發現「團隊精神」是其兩大致勝法寶之一。

毛比來旅館（Mobley）是希爾頓創業的起點。剛開始經營毛比來旅館時，希爾頓把主要精力集中於旅館經營的一些具體事務中，諸如節省空間、增加床鋪、改裝大廳等。待旅館的經營初具規模時，希爾頓便把注意力轉移到員工身上，這時，一個念頭衝擊著他，就是要像部隊那樣，在毛比來旅館造就一個優秀的團隊。希爾頓參加過第一次世界大戰，他深知部隊是一個戰鬥的團隊，那種互相合作、精誠團結、士氣昂揚的團隊精神，讓他留下不可磨滅的印象。希爾頓認為，想做好旅館的經營，必須靠旅館員工的整體實力，因此，只有把旅館員工也造就成一支具有部隊團隊精神那樣的團隊，那麼旅館的經營管理才能真正做好，於是，希爾頓開始著手旅館員工的團隊建設。

在希爾頓看來，榮譽感是「團隊精神」的重要展現，因而他首先著手建立毛比來每一位員工的榮譽感。他諄諄告誡員工們：當你步入毛比來旅館的員工行列時，你就不再僅僅代表自己，因為你已經是旅館員工這個團隊的一分子，你代表的是毛比來旅館的形象，團隊的榮譽就是你個人的榮譽，團隊一旦瓦解，個人也就不復存在了。毛比來的員工們有了這種與團隊榮辱與共的強烈意識後，大家開始在工作中互求合作、團結一致。

希爾頓平時還採用「精神鼓勵」與「物質獎勵」相結合的辦法，激發、培養員工們的團隊精神。他常常用讚許的口吻激勵員工們，「你們都是優秀的人」，「毛比來旅館的好名聲都是靠你們來創造的」，「你們是唯一能用乾淨的毛巾、地板和熱情的笑容來迎接顧客的」。員工中那些工作成績優異者，希爾頓會及時為他們加薪、發獎金，同時鼓勵其他員工也追上那些優秀者。

就這樣，在這種「團隊精神」的感召下，毛比來旅館的員工們煥發出一種團結向上的勃勃生氣。他們對顧客笑臉相迎、服務周到，從而使旅館顧客盈門，經營蒸蒸日上。

讓溝通的渠水暢流

現今的世界，比起牛馬拉車的時代，不知小了多少，搭上噴射機，花不了多少時間，就可以周遊列國。跨國交往中，語言成為溝通的障礙，於是外語學習有如三伏天的驕陽般火熱。而實際工作、生活中，溝通的障礙又何止於語言；反過來說，溝通又豈止是語言所能解決的。

諸葛亮生活的時代，還是牛馬拉車的時代，跨語言的交流不算多，但集團內外的交流溝通卻天天都在進行，溝通良好，捷報連連；溝通不好，敗仗也沒少過。諸葛亮口才出色，當然是溝通的絕世高手，但有時候也因為種種原因而未能良好溝通，出了差錯，甚至造成無可挽回的差錯，儘管責任並不在他身上。

話說孫權向劉備要了幾次荊州，都被搪塞過去。這時，張昭又向孫權獻計：把諸葛亮之兄諸葛瑾的全家老小抓起來，要諸葛瑾去找弟弟諸葛亮，設法勸劉備交割荊州。孫權雖然感到有點對不起諸葛瑾，但還是聽從了張昭的建議。沒過幾天，諸葛瑾就到了成都。玄德問孔明曰：「令兄此來為何？」孔明曰：「來索荊州耳。」玄德曰：「何以答之？」孔明曰：「只須如此如此。」

計會已定，孔明出郭接瑾。不到私宅，徑入賓館。參拜畢，瑾放聲大哭。亮曰：「兄長有事但說。何故發哀？」瑾曰：「吾一家老小休矣！」亮曰：「莫非為不還荊州乎？因弟之故，執下兄長老小，弟心何安？兄休憂慮，弟自有計還荊州便了。」瑾大喜，即同孔明入見玄德，呈上孫權書。玄德看了，怒曰：「孫權既以妹嫁我，卻乘我不在荊州，竟將妹子潛地取去，情理難容！我正要大起川兵，殺下江南，報我之恨，卻還想來索荊州乎！」孔明哭拜於地，曰：「吳侯執下亮兄長老小，倘若不還，吾兄將全家被戮。兄死，亮豈能獨生？望主公看亮之面，將荊州還了東吳，全亮兄弟之情！」玄德再三不肯，孔明只是哭求。玄德徐徐曰：「既如此，看軍師面，分荊州一半還之。將長沙、零陵、桂陽三郡與他。」亮曰：「既蒙見允，便可寫書與雲長令交割三郡。」玄德曰：「子瑜到彼，須用善言求吾弟。吾弟性如烈火，吾尚懼之。切宜仔細。」

《三國演義》裡，描寫孫、劉兩家對荊州的爭奪，用墨頗多。但這爭奪在那個戰亂紛紛的年代，卻有點特別，那就是雙方採用的都是外交手法，基本上未動兵馬，只是到了後期才兵戎相見的。孫、劉兩家在荊州問題上的拉鋸，歷經數個回合，最能展現諸葛亮的外交才能，也最能展現他和劉老闆以及關二爺之間的默契，而之所以默契，心意相通之外，溝通也功不可沒。

諸葛瑾尚未到西川的時候，諸葛亮就和劉備設計好圈套。圈套是怎麼設計的，書中只寫到「如此如此」，我們不得而知。但從後來的「演出」效果看，那一番溝通肯定是十分暢達，否則他們兩人不可能把一齣雙簧演得活靈活現，瞞得那諸葛瑾信以為真，興高采烈地帶著文書去荊州找關羽「交割三郡」。不想，在荊州，諸葛瑾又很榮幸地看了一場關羽父子的紅黑臉表演，那關二爺又是說橫話，又是「變色」、「執劍在手」，真像要和軍師的哥哥過不去。這番舉止，和關羽平日的言行判若兩人，看起來簡直就是一個惡霸。但他為什麼會有這副嘴臉？書中未詳細說明，其實也就是劉、關、諸葛他們幾個溝通得好。就這樣，兩場十分到位的表演，讓老實人諸葛瑾「滿面羞慚」，辭別而去，劉氏集團又把荊州三郡抓在自己手中。

同樣是荊州，關羽大意失荊州，最後連自己的性命也斷送了。劉備要東征為弟報仇，趙雲直諫，劉備不聽，下令起兵伐吳。顯然，趙雲與劉備的溝通出了問題。後來，還是諸葛亮苦諫，劉備才稍微有點回心轉意，這時，他們之間的溝通產生了效用。不料，此時張飛趕來，抱了劉備的腳大哭，又提什麼「桃園之誓」，劉備死灰復燃，但尚未下定決心。在這裡，兩個方向的溝通，舊的作用尚存，新的作用已起，就在劉備說「多官諫阻，未敢輕舉」，猶疑之際，張飛一番「若陛下不去，臣捨此軀與二兄報仇！若不能報時，臣寧死不見陛下也！」火上澆油，讓劉備終於下定了決心，可說張飛和劉備的溝通，達到了最好的效果。之後，任孔明等如何再三苦諫，劉備也未能回心轉意，還把孔明的上表丟在地上（這可是僅有的一次）。到這裡，諸葛亮、趙雲等人與劉備的溝通以徹底失敗告終。

諸葛亮、趙雲等人之所以未能與劉備溝通，並不是話說得不夠明白，否則無法溝通的應該是不擅言辭的張飛。他們「溝」不通，問題出在心意不通，具體而言，就是價值理念不同。這時候的諸葛亮、趙雲，看重的是公義，「漢賊之仇，公也；兄弟之仇，私也。」（趙雲語）；而劉備、張飛看重的卻是私誼，「不為兄弟報仇，雖有萬里江山，何足為貴？」（劉備語）。在這種情況下，雙方之間自然沒辦法達成共識。雖然他們在一起說話，但到張飛來了之後，諸葛亮、趙雲等人已經被排除在交流的圈子之外：「他人豈知昔日之盟？」（張飛語）張飛的一句話，驀地畫出兩個大圈子，頓時突顯了公司政治的玄妙。諸葛亮、趙雲被畫在「桃園之誓」、「昔日之盟」的圈子之外，心裡恐怕有點冷，但這裡我們就先不多加深究他們的心理狀態了。

再回來說溝通。有研究顯示，對企業的中層管理者來說，他們50%的時間和精力用在溝通上，而50%的問題和障礙，也是出於溝通上，由此可見溝通的重要和困難。對企業主管來說，溝通就是要：第一，啟發部屬認知自己角色的重要性；第二，告訴部屬工作的目的是什麼；第三，讓部屬知道你對他的期望；第四，即時告訴部屬他做得如何。掌握了有效溝通，將遠離誤會、懷疑、猜忌、敵意和失敗，擁抱共識、理解、信任、友誼和成功。

1993年，當葛斯納（Louis Gerstner）接手IBM（國際商業機器公司，International Business Machines Corporation）時，這家曾風靡一時的超大型企業已經因臃腫的機構和封閉的企業文化，變得羸弱不堪，虧損高達160億美元。媒體十分關注葛斯納的一舉一動，他們想看看這個「一隻腳已經邁入墳墓」的人，會如何收拾這個爛攤子。

葛斯納做事有自己的原則和方法。上任伊始，他不僅改革董事會和高階管理體制，還不忘積極地與員工溝通交流。因為當時企業虧損太多，從1985年以來，已有17.5萬員工失業，這對IBM的員工來說，是個巨大的陰影。葛斯納認為，只有投入巨大的精力，用於溝通、溝通、再溝通，公司才有可能擺脫危機，成功改革。

葛斯納是這麼想，也是這麼做的。他經常在員工面前發表演說，還利用公司內部PROFS系統和員工交流感想。他的做法獲得很好的效果。舉個例子，上任後第六天，葛斯納發給全體員工一封郵件，在這封郵件裡，他熱情讚揚了勇於向公司提出問題的人，同時呼籲全體員工重振士氣，共同度過難關。這封熱情洋溢的郵件，在IBM的員工中，產生了巨大的回響。許多員工回信，幫這位新上任的CEO加油，有人寫道：「謝謝，謝謝，謝謝，IBM復甦了。」有人寫道：「我流下了喜悅的淚水。」總之，葛斯納為員工帶來信心，他受到員工最熱烈的歡迎。

有了這樣良好的開端，一切做起來就便利多了。葛斯納不僅和員工探討改革問題，積極聽取回饋意見；也和員工共同解決危機，互相給予支持與安慰。良好的溝通使企業內部關係十分融洽，形成強大的凝聚力和戰鬥力，於是 IBM 又重現生機了。

葛斯納在 IBM，與員工一同經歷了許多風風雨雨。如今，IBM 已經起死回生，葛斯納對企業、對員工算是沒有什麼虧欠的了。然而，葛斯納依然懊悔，懊悔那時因為太忙而無法對每個發郵件給他的人一一回覆。

一個優秀的管理者，就應該是這樣的！

集思廣益，諸葛亮請教臭皮匠

俗話說：「三個臭皮匠，勝過一個諸葛亮。」這是在說集思廣益，匯聚普通人的智慧，也能夠貢獻出好想法、好主意來。其實，這是一條必經之路，因為諸葛亮只有一個，諸葛亮式的人物也不多。高明的管理者，不一定是自己多麼才高智大，倒往往是能夠虛懷若谷、集思廣益，把大家的小智慧匯聚成大智慧的人。

諸葛亮自負高才，才名也很響亮，卻也名實相符、並未言過其實。因此《三國演義》中，人們更常看到的是諸葛亮獨自一人運用才智，兵出奇謀，政出良策。不過，雖然諸葛亮已然是「諸葛亮」，但他還是不忘向那些臭皮匠們商討、請教。或問：「確有其事？」答曰：「當然，且看……」

話說建興三年，蠻王孟獲起兵十萬，進犯蜀漢邊境。蜀漢邊境四郡中，有三個郡的太守先後與孟獲聯合，起兵造反，唯有永昌太守王伉不肯反叛。諸葛亮南征，很快收復了三郡，於是，永昌太守王伉出城迎接孔明。孔明入城已畢，問曰：「誰與公守此城，以保無虞？」伉曰：「某今日得此郡無危者，皆賴永昌不韋人，姓呂，名凱，字季平。皆此人之力。」孔明遂請呂凱至。凱入見，禮畢。孔明曰：「久聞公乃永昌高士，多虧公保守此城。今欲平蠻方，公有何高見？」呂凱遂取一圖，呈與孔明曰：「某自歷仕以來，知南人欲反久矣，故密遣人入其境，檢視可屯兵交戰之處，畫成一圖，名曰『平蠻指掌圖』。今敢獻與明公。明公試觀之，可為徵蠻之一助也。」孔明大喜，就用呂凱為行軍教授，兼嚮導官。於是孔明提兵大進，深入南蠻之境。

正行軍之次，忽報天子差使命至。孔明請入中軍，但見一人素袍白衣而進，乃馬謖也。為兄馬良新亡，因此掛孝。謖曰：「奉主上敕命，賜眾軍酒帛。」孔明接詔已畢，依命一一給散，遂留馬謖在帳敘話。孔明問曰：「吾奉天子詔，削平蠻方；久聞幼常高見，望乞賜教。」謖曰：「愚有片言，望丞相察之。南蠻恃其地遠山險，不服久矣；雖今日破之，明日復叛。丞相大軍到彼，必然平服；但班師之日，必用北伐曹丕；蠻兵若知內虛，其反必速。夫用兵之道：『攻心為上，攻城為下；心戰為上，兵戰為下。』願丞相但服其心足矣。」孔明嘆曰：「幼常足知吾肺腑也！」於是孔明遂令馬謖為參軍，即統大兵前進。

再說諸葛亮上表後主，率兵北伐中原。路過沔陽，他親自拜祭了馬超之墓，回到寨中，商議如何進兵。這時，哨馬報說魏主曹叡派駙馬夏侯淵調集關中數路軍馬，前來迎敵，只見魏延上帳獻策曰：「夏侯楙乃膏粱子弟，懦弱無謀。延願得精兵五千，取路出褒中，循秦嶺以東，當子午谷而投北，不過十日，可到長安。夏侯楙若聞某驟至，必然棄城望橫門邸閣而走。某卻從東方而來，丞相可大驅士馬，自斜谷而進。如此行之，則咸陽以西，一舉可定。」孔明笑曰：「此非萬全之計也。汝欺中原無好人物，倘有人進言，於山僻中以兵截殺，非唯五千人受害，亦大傷銳氣。決不可用。」魏延又曰：「丞相兵從大路出發，彼必盡起關中之兵，於路迎敵。則曠日持久，何時而得中原？」孔明曰：「吾從隴右取平坦大路，依法進兵，何憂不勝！」遂不用魏延之計。魏延怏怏不悅。

諸葛亮智計過人，仰賴於他人的時候確實很少——書中是這樣寫的。但書中也同樣寫過他向別人徵求意見，或者和別人一起討論問題，征南寇一大戰役的開頭部分，就寫到了兩處。諸葛亮在這裡請教的是兩個人，一個是當地人呂凱，一個是馬謖。

請教呂凱的緣由，是覺得永昌太守王伉保住城池不簡單，背後一定有能人，這也展現了孔明善於發現人才的功力，等到見了這位能人，諸葛亮便虛心求教，問他「有何高見」。結果自然頗有收穫，得了「平蠻指掌圖」，大喜之後，便委任這位呂凱為「行軍教授，兼嚮導官」。呂凱名不見經傳，但一經孔明發掘、拔擢，其效用卻不是「臭皮匠」所能概括的了。

馬謖是熟人，諸葛亮知道他頗有見識，正好有個敘話的機會，就提請賜教。馬謖的一番話，說得入情入理，確實頗有見解，與諸葛亮的想法不謀而合。經過這麼一番敘話，觀點還是自己的觀點，但得到共鳴，這觀點當然也就更加堅定了。集思廣益有時就是這樣，不一定要求是新觀點，而是要求證自己的觀點是否正確。

集思廣益，態度當然要虛懷若谷，但僅有態度不夠，還要學會傾聽的技巧、避開傾聽的失誤。傾聽是人際交流中常見的環節，說來容易，實際上卻沒那麼簡單。在企業經營管理領域，不善傾聽會造成許多負面影響，諸如導致工作失誤、引發矛盾糾紛、造成經濟損失、影響企業信譽等。因此，現在許多企業已經意識到工作場合傾聽能產生的正面意義，因而開始訓練員工、尤其是各級主管人員，使他們成為一個優秀或良好的傾聽者。

那麼，怎樣才能當一個好的傾聽者呢？

以下是一些養成良好傾聽習慣、改進傾聽能力、避開傾聽失誤的可行辦法：

1. 培養自己的注意力。善於傾聽的人，往往能夠排除來自外部和內心的干擾因素，專注傾聽；注意力越集中，傾聽就越容易。
2. 激發對話題的興趣。善於傾聽的人，總是懷著一種探詢的心理，不會隨意在心裡宣布某個話題令人乏味。
3. 關注主要觀點。善於傾聽的人往往是傾聽對方的觀點，而不是傾聽談話的細節。
4. 控制情緒。善於傾聽的人，總是把理解和評判區分開來，傾聽時只求理解、不做評判，不允許內心對對方的觀點有任何過早的反應。
5. 有效利用思維的速度。思維比說話快，善於傾聽者會利用這種時差，對所獲資訊進行概括，以便盡可能準確地掌握談話的內容。
6. 尋求回饋意見。在概括對方觀點以後，不妨說出來讓對方認定，以便誤解和錯誤結論能夠儘早得以糾正。

寶僑（P&G）是世界最大的日用品銷售公司之一。這家老牌企業，成立於 1837 年，一百多年過去了，如今寶僑不僅已坐上行業龍頭的寶座，且依然活力十足，雄風不減。寶僑如何維持如此旺盛的生命力呢？這不得不從二十世紀初說起。

二十世紀初，寶僑已經躍居這個行業的領先位置。當時寶僑的總經理理查．德普雷是位深謀遠慮、不安於現狀的企業家，他擔心企業和員工在長期領先的情況下，會變得狂妄自大、不思進取，於是想盡辦法，試圖進一步激發員工的競爭意識和危機意識。當然，精明的德普雷也知道，面對這類問題，單憑會議或演說，是達不到效果的；他需要的是一種行之有效的方式，以便不斷從內部促進進步。於是，德普雷在公司廣泛徵求意見。

寶僑當時的銷售部經理尼爾．麥可羅伊（Neil McElroy）是個積極又愛動腦筋的人，他大膽地說出自己的看法。他認為：一方面，寶僑公司在市場上遙遙領先，要靠市場競爭刺激企業發展已經不太可能，因而寶僑必須建立自身內部的競爭機制；另一方面，寶僑已經擁有最好的員工、最好的產品、最強的銷售實力，完全可以在公司內部展開各品牌之間的相互競爭，從而促進各品牌的發展。麥可羅伊的一席話，說到了德普雷的心坎裡，他欣喜地看著這位與他志同道合的銷售經理，興奮的心情久久難以平息。

很快，一種全新的品牌管理機制在寶僑誕生了，這套機制大大刺激企業員工的危機感和競爭意識，不同的品牌前追後趕，絲毫不能鬆懈。有壓力才會有動力，正是在強大的競爭機制中，寶僑才一步步走向輝煌。

如今已是二十一世紀，寶僑公司依然在使用這套「老招式」。雖然手法老了點，但效果一樣好，今天的寶僑，依然叱吒風雲，無人能敵。現在想來，這還多虧了當年「禮賢下士」的總經理和「銳意創新」的銷售經理，正是他們留下的「獨門祕方」，才有寶僑的今天。

分工合作，合力致勝

只要提到《三國演義》，對於「一呂二趙三典韋……」許多人可能如數家珍，彷彿這三國的歷史就是靠英雄們的單打獨鬥寫成似的。其實，縱觀三國的爭鬥史，原本就是分工合作、協調有序而成。比如曹魏戰勝袁紹、由弱轉強的官渡之戰，身為一代軍事大家的曹操，率領部屬配合默契，一舉搗毀烏巢糧倉，創造了以七萬勝七十萬大軍的戰例，這正是分工合作的結果。

身為劉氏集團第一主管的諸葛亮，此類例證也不勝枚舉。赤壁之戰中，東吳大將呂蒙、甘寧、黃蓋與關羽、張飛的分工合作，可謂天衣無縫。這是與友軍合作的例證。而在蜀軍本身，最能展現分工合作、有序協調的例子，莫過於「諸葛亮智取漢中」這一回。

話說曹、劉在漢水對峙，諸葛亮用趙雲為疑兵，一連三晚向曹寨鼓譟，弄得曹軍徹夜不安，只好拔寨退後三十里。諸葛亮見曹兵退去，便要劉備親渡漢水，背水結營。次日兩軍交戰，劉軍不敵，望漢水而逃，盡棄營寨，馬匹軍器，丟滿道上。

曹操見此生疑，下令火速退兵。曹兵方回頭時，孔明號旗舉起，玄德中軍領兵便出，黃忠左邊殺來，趙雲右邊殺來。曹兵大潰而逃。孔明連夜追趕。操傳令軍回南鄭。只見五路火起。原來魏延、張飛得嚴顏代守閬中，分兵殺來，先得了南鄭。操心驚，望陽平關而走。玄德大兵追至南鄭褒州。安民已畢，玄德問孔明曰：「曹操此來，何敗之速也？」孔明曰：「操平生為人多疑，雖能用兵，疑則多敗。吾以疑兵勝之。」玄德曰：「今操退守陽平關，其勢已孤，先生將何策以退之？」孔明曰：「亮已算定了。」便差張飛、魏延分兵兩路去截曹操糧道，令黃忠、趙雲分兵兩路去放火燒山。四路軍將，各引嚮導官軍去了。卻說曹操退守陽平關，令軍哨探。回報曰：「今蜀兵將遠近小路，盡皆塞斷；砍柴去處，盡放火燒絕。不知兵在何處。」操正疑惑間，又報張飛、魏延分兵劫糧。操問曰：「誰敢敵張飛？」許褚曰：「某願往！」操令許褚引一千精兵，去陽平關路上護接糧草。解糧官接著，喜曰：「若非將軍到此，糧不得到陽平矣。」遂將車上的酒肉，獻與許褚。褚痛飲，不覺大醉，便乘酒興，催糧車行。解糧官曰：「日已暮矣，前褒州之地，山勢險惡，未可過去。」褚曰：「吾有萬夫之勇，豈懼他人哉！今夜乘著月色，正好使糧車行走。」許褚當先，橫刀縱馬，引軍前進。二更已後，往褒州路上而來。行至半路，忽山凹裡鼓角震天，一枝軍當住。為首大將，乃張飛也，挺矛縱馬，直取許褚。褚舞刀來迎，卻因酒醉，敵不住張飛；戰不數合，被飛一矛刺中肩膀，翻身落馬；軍士急忙救起，退後便走。張飛盡奪糧草車輛而回。

卻說眾將保著許褚，回見曹操。操令醫士療治金瘡，一面親自提兵來與蜀兵決戰。玄德引軍出迎。兩陣對圓，玄德令劉封出馬。操罵曰：「賣履小兒，常使假子拒敵！吾若喚黃鬚兒來，汝假子為肉泥矣！」劉封大怒，挺槍驟馬，逕取曹操。操令徐晃來迎，封詐敗而走。操引兵追趕。蜀兵營中，四下炮響，鼓角齊鳴。操恐有伏兵，急教退軍。曹兵自相踐踏，死者極多。奔回陽平關，方才歇定，蜀兵趕到城下。東門放火，西門吶喊；南門放火，北門擂鼓。操大懼，棄關而走。蜀兵從後追襲。操正走之間，前面張飛引一枝兵截住，趙雲引一枝兵從背後殺來，黃忠又引兵從褒州殺來。操大敗。諸將保護曹操，奪路而走。

當然，劉氏集團也有貪功冒進、不聽分配，險些誤事的案例。孔明令魏延帶五百哨馬先行，張飛第二，玄德後隊，望葭萌關出發。魏延哨馬先到關下，正遇楊柏。魏延與楊柏交戰，不十合，楊柏敗走。魏延要奪張飛頭功，乘勢趕去。前面一軍擺開，為首乃是馬岱。魏延只道是馬超，舞刀躍馬迎之。與岱戰不十合，岱敗走。延趕去，被岱轉身一箭，中了魏延左臂。延急回馬走。馬岱趕到關前，只見一將喊聲如雷，從關上飛奔至面前。原來是張飛初到關上，聽得關前廝殺，便來看時，正見魏延中箭，因聚馬下關，救了魏延。

攻取漢中之時，劉氏集團已經是人才濟濟，因此連更為強大的曹魏集團也奈何不得。漢中之勝，武將個個驍勇善戰，固然是一方面的原因，但更重要的是，他們在諸葛亮有序協調之下的合作。沒有每一個個體的善戰，固然不能獲勝；沒有合力合作，則同樣不能獲勝。在這裡，張飛、魏延、黃忠、趙雲四路軍，再加劉備的中軍，各有各的任務，分工明確；但如果單獨行動，則誰都沒有獲勝的可能，當然也就不可能獲得全域性的勝利了。

人類社會的分工，從來都是以效率為目標。分工仔細，人們的工作技能可以更為專精，效率也就自然提高了。不同類型企業中的生產流水線，之所以把工序分得那麼細，就在於以專精謀取效率。比如肉類食品加工的流水線，工人分工精細，切雞腿的不切雞翅，切雞翅的不切雞胸，由此而使規範化的動作達到最熟練的狀況，從而比一人一雞作業大大提高效率。諸葛亮指揮漢中之戰，就是利用各將所長，給予明確單一的分工，以獲得個體工作的最大效率。

然而，分工越仔細，就越要求合作，分工的精密度與合作的要求度，是成正比的。這就意味著分工的同時要合力，也意味著工作的主管要有高超的協調、排程能力。主管的協調、排程能力，首先表現在分派工作和授權方面，要求明確、具體；其次表現在督導、跟進方面，要求即時、有效。團隊合作的成功固然和每一成員的個人能力、合作精神相關，更與主管人員的協調、排程有關，他們是打造合力的關鍵。諸葛亮之所以在劉氏集團中有那麼尊崇的地位和崇高的威望，那麼受到老闆的信賴和部屬的欽敬，除了他的智慧，這種協調、排程能力，功不可沒。劉氏集團在征戰中獲得那樣多的勝利，正在於諸葛亮協調、排程有方；而每當諸葛亮自己協調、排程不好，或有人不服從協調、排程時，失敗也就接踵而來。

在三國的如雲戰將之中，魏延是一員猛將，也算是個人物，立過數次不大不小的戰功。無奈此人心高氣傲、目中無人，喜歡表現自己，因而指揮官給他的只是「偵察兵」——馬哨的角色，但他還是要「奪張飛頭功」，因此「乘勢趕去」，結果被暗箭所傷。若不是張二爺及時趕到，後果不堪設想。既然是「馬哨」，那就做馬哨的事情，先鋒是張飛的，就讓張飛去打頭陣；況且，還有劉備的大隊人馬在後面呢！像魏延這樣，破壞了合作的基礎，雖然賣力，卻無法合力，出問題也就在所難免了。

現代管理學認為，主管人員的協調工作，必須符合三點要求：首先，協調要即時，在發現苗頭時就即時採取措施，協調越早，效果越好；其次，協調要徹底解決問題，不僅解決已經出現的，也要盡可能解決相關的連帶問題，否則留下尾巴，必然留下後遺症；再次，協調要聚焦於提高當事者的積極度，因協調的目標是更加高效地工作，損害積極度的協調，對工作不利，也違背分工的本義。

宜方宜圓，解決衝突

誠如一位哲人所言，矛盾是永恆的存在。就企業而言，矛盾衝突有源自外部的，也有發生在企業內部的。主管人員的職責之一，就是解決衝突，尤其是內部衝突，能夠在所謂「公司政治」這種漩渦中遊刃有餘，方才算是成熟的主管。

諸葛亮是解決外部衝突的高手，也是解決內部衝突的高手。劉氏集團內部衝突的解決，既有劉備威信的因素，也有諸葛亮高超技巧的功勞。孔明先生處理起這種事端來，宜方宜圓，多能奏效；不僅平抑衝突，有時還利用這衝突激發出戰鬥力。諸葛亮之智，何止軍事韜略！

話說劉備、諸葛亮等在葭萌關前降服了隴西悍將馬超，入得成都，寬民樂業，威刑肅政，一切如常。一日，玄德正與孔明閒敘，忽報雲長遣關平來謝所賜金帛。玄德召入。平拜罷，呈上書信曰：「父親知馬超武藝過人，要入川來與之比試高低。教就稟伯父此事。」玄德大驚曰：「若雲長入蜀，與孟起比試，勢不兩立。」孔明曰：「無妨。亮自作書回之。」玄德只恐雲長性急，便教孔明寫了書，發付關平星夜回荊州。平回至荊州，雲長問曰：「我欲與馬孟起比試，汝曾說否？」平答曰：「軍師有書在此。」雲長拆開視之。其書曰：

亮聞將軍欲與孟起分別高下。以亮度之，孟起雖雄烈過人，亦乃黥布、彭越之徒耳，當與翼德並驅爭先，猶未及美髯公之絕倫超群也。今公受任守荊州，不為不重；倘一入川，若荊州有失，罪莫大焉。唯冀明照。

雲長看畢，自綽其髯笑曰：「孔明知我心也。」將書遍示賓客，遂無入川之意。

卻說劉備在成都，報說曹丕在洛陽自立為大魏皇帝，又傳漢帝已遇害，終日痛哭，遙祭漢帝。諸葛亮與太傅許靖、光祿大夫譙周商議後，請漢中王劉備即皇帝位，劉備死活不肯。「孔明乃設一計」，託病不出。漢中王聞孔明病篤，親到府中，直入臥榻邊，問曰：「軍師所感何疾？」孔明答曰：「憂心如焚，命不久矣！」漢中王曰：「軍師所憂何事？」連問數次，孔明只推病重，瞑目不答。漢中王再三請問。孔明喟然嘆曰：「臣自出茅廬，得遇大王，相隨至今，言聽計從；今幸大王有兩川之地，不負臣夙昔之言。目今曹丕篡位，漢祀將斬，文武官僚，咸欲奉大王為帝，滅魏興劉，共圖功名；不想大王堅執不肯，眾官皆有怨心，不久必盡散矣。若文武皆散，吳、魏來攻，兩川難保。臣安得不憂乎？」漢中王曰：「吾非推阻，恐天下人議論耳。」孔明曰：「聖人云：『名不正，則言不順。』今大王名正言順，有何可議？豈不聞『天與弗取，反受其咎』？」漢中王曰：「待軍師病可，行之未遲。」孔明聽罷，從榻上躍然而起，將屏風一擊，外面文武眾官皆入，拜伏於地曰：「王上既允，便請擇日以行大禮。」

在企業內部，人與人之間的衝突是不可避免的。衝突的起因，有資源稀少、缺乏，比如來自兩個部門的主管，為爭取預算而發生衝突；有意見不同，比如銷售部門希望產品規格齊全，但生產部門則認為規格太多會增加生產成本；有內部競爭，比如個人升遷機會的爭奪，部門專案領導權的爭奪；有權力不清，比如上游流程部門進行影響重大的工藝改革，但未跟下游流程部門打招呼……等。有人、有利益、有許可權的地方，都可能產生衝突，因此，衝突管理是主管職責中的必要部分，衝突管理的技能是主管素養修練的必要課程。

雖然劉氏集團以仁義、忠誠、謙遜等立身行事，內部團結尚好，但矛盾衝突也還是時有發生。在解決這些矛盾衝突時，劉備因身分而可以以威服眾，比如「博望坡初用兵」時，關、張不服孔明，劉備開口，兩人不再多說；關、張二人的公子關興、張苞見面，互不服氣，比箭以後還要比刀槍，劉備喝斥一聲，兩人就安靜了。諸葛亮則更常使用圓融的方式化解衝突。比如關羽聽說馬超武藝高強，竟然要離開職守入蜀比武，先不說他走了以後，荊州可能會如何，「兩虎相爭，必有一傷」，而且還可能兩敗俱傷，勢態嚴重。諸葛亮一封書信，滿足了關羽的虛榮心，一場衝突也就消弭於無形之中。只是自負的關二爺，把孔明的信到處給人看，幸好是在荊州，如果是在成都，風聲傳到馬超耳中，他豈會善罷甘休？孔明的一番心血，怕要付諸東流。當然，圓融手法之外，諸葛亮也有以方直手法解決衝突的例子，而且很多。

有時候，衝突也有積極、正面的意義，能夠刺激創造性、防止產生僵化怠惰。比如，不同意見可能打破教條化的成規，吹進改革之風；團隊間的競爭則能刺激產生新的動力，促使改善工作表現；目標相反的兩個部門，可以從合作中找到解決彼此問題的創造性方法。諸葛亮就極其善於利用衝突創造奇效，對關、張，對趙雲、黃忠，他都用過製造衝突的激將法，從而讓他們有出色的工作表現。

諸葛亮利用衝突的典型案例是勸進劉備，應該說，當時劉氏集團君臣間在是否即皇帝位的問題上，產生了矛盾，卻未必會造成當下損失，但長遠損失則可能極大。當此之時，諸葛亮略施小計，言語中使衝突白熱化，

「眾官皆有怨心」，使損失即時化，「不久必盡散矣⋯⋯兩川難保」，讓劉備倉促間說出「待軍師病可，行之未遲」，眾臣當即拜伏於地，劉備就算不答應，也已經晚了。諸葛亮用一個虛構的衝突，解決了一個不如此則有可能曠日持久且難以解決的矛盾。否則，等到時候，恐怕虛構的矛盾就會變成真實的矛盾，很難收拾了。

既然衝突不可避免，且有其意義，企業主管就要把握和鍛鍊解決衝突的要領與技能。首先，要冷靜、有耐心，解決一個糾紛往往需要經過多次協商，不能操之過急；其次，避免衝突、防衛心理，採取積極合作的態度，不能盲目維護自我立場以求獲勝;第三，避免欺騙，不誇大、不作假;第四，從善如流，即善於接受合理意見和客觀證據，允許對方自由自在地承認錯誤，不嘲諷、不刁難；第五，避免以假定為結論，不想當然。

在企業內部，上到董事會，下至各部門，主管們經常會發生矛盾、衝突。由於職位、級別相同，誰對誰都沒有支配權，誰對誰都沒有服從的義務，因而，主管的矛盾衝突在所難免，如何化解主管的衝突，就成為企業管理的一個重要議題。松下幸之助在化解主管的衝突上，有自己的「祕訣」：

為了避免主管之間發生矛盾衝突，松下在配置主管人員時，事先便未雨綢繆，比如一個部門有三個課長，他們是同等級，沒有主從。當松下組建這個業務領導團隊時，便從主管人員的不同能力上來配置。一個富有決斷的能力，一個具有協調的能力，另一個富有行政能力。因此，可以組成一個有頭腦、有四肢、有生命的理想業務領導團隊。如果三個人都有決斷力，意見相左時，勢必各以為是，誰也不聽誰的；如果三個人都具備行政能力，沒有人出頭決策，就難免流於瑣屑事務了；而如果三個都有協調能力，既沒有提出計畫的人、也沒有做事的人，還是成不了事。從不同能力方面來配置領導階層，主管便會在工作上高效率而少衝突，這樣，松下便把主管衝突的隱患給拔掉了。

如果事前沒有做好防患於未然的「拔除隱患」工作，一旦衝突發生，松下也有事後彌補的措施。一是乾脆做人事調動，重新組織合理的配置；二是從職能上劃清「勢力範圍」，使其各司其職；三是從中選擇一個，委以重任，擔當最高領導者，規定凡事以他的意見為中心。這樣做，一方面能解除衝突的陣地，另一方面可以從職權上分清主從，化解衝突。

由於松下幸之助採用「事前未雨綢繆」、「事後積極彌補」這兩個祕訣，因而松下公司的主管很少發生衝突，一旦發生，也能得到及時有效的化解。在任何一個企業的發展中，新舊員工都會不同程度地產生衝突，當這種矛盾衝突變嚴重時，甚至會導致一個企業的衰落。因而，能否有效地解決這種衝突，也是影響企業發展、壯大的因素。

當主管必須劍印在手

廢話，主管也是領導者，沒有權威怎麼可以呢？可是有時當領導者就是沒有權力，那就會讓上司產生「既然管不了，那就放任吧！」的心態，因此出現了「做不做都一樣」的現象。這個現象反面說明，企業管理者必須擁有實實在在的權力。

諸葛亮在劉氏集團中主管軍政大事，深得老闆信任，深受同僚和屬下尊重，自然有權力、有權威。但剛來就職的時候，他卻既無權、又無威，他的權威是爭取來的。

卻說玄德自得孔明，以師禮待之。關、張二人不悅，曰：「孔明年幼，有什才學？兄長待之太過！又未見他真實效驗！」玄德曰：「吾得孔明，猶魚之得水也。兩弟勿復多言。」關、張見說，不言而退。關、張二將對孔明不服，但又礙於劉備鼎力保護，不得不暫時住口；但口雖住了，心中依然不服，只是靜等機會罷了。忽報曹操差夏侯惇引兵十萬，殺奔新野來了。張飛聞知，謂雲長曰：「可著孔明前去迎敵便了。」正說之間，玄德召二人入，謂曰：「夏侯惇引兵到來，如何迎敵？」張飛曰：「哥哥何不使『水』去？」玄德曰：「智賴孔明，勇須二弟，何可推調？」關、張出，玄德請孔明商議。孔明曰：「但恐關、張二人不肯聽吾號令；主公若欲亮行兵，乞假劍印。」玄德便以劍印付孔明，孔明遂聚集眾將聽令。張飛謂雲長曰：「且聽令去，看他如何排程。」孔明令曰：「博望之左有山，名曰豫山；右有林，名曰安林，可以埋伏軍馬。雲長可引一千軍往豫山埋伏，等彼軍至，放過休敵；其輜重糧草，必在後面，但看南面火起，可縱兵出擊，就焚其糧草。翼德可引一千軍去安林背後山谷中埋伏，只看南面火起，便可出，向博望城舊屯糧草處縱火燒之。關平、劉封可引五百軍，預備引火之物，於博望坡後兩邊等候，至初更兵到，便可放火矣。」又命於樊城取回趙雲，令為前部，不要贏，只要輸。「主公自引一軍為後援。各須依計而行，勿使有失。」雲長曰：「我等皆出迎敵，未審軍師卻作何事？」孔明曰：「我只坐守縣城。」張飛大笑曰：「我們都去廝殺，你卻在家裡坐地，好自在！」孔明曰：「劍印在此，違令者斬！」玄德曰：「豈不聞『運籌帷幄之中，決勝千里之外』？二弟不可違令。」張飛冷笑而去。雲長曰：「我們且看他的計應也不應，那時卻來問他未遲。」

諸葛亮剛到劉氏集團的時候，身分不過是個「老師」，沒有明確的權力，也說不上什麼權威，同僚不見得敬重他，劉備的信任也還是停留在諸多人物的推崇和隆中對策上。這情形諸葛亮很明白，他知道自己必須做出成績來給他們看，也必須盡快獲得應有的權力與相應的權威。

正好曹兵殺奔新野，機會來了。

諸葛亮很明白，這一次是奠定他威望的關鍵之戰，因此，他沒有向劉備、關羽、張飛做出任何情面上的讓步，在指揮權、調動權上堅決不妥協。他先是要了劍印，接著分派工作。不論是誰，包括老闆，悉數聽我調遣，然後又對不服氣的關、張二人嚴加申斥。初步拿到了權力、樹起了權威，等到戰鬥結束，立下功績，眾人「拜伏」，權威基本確立，權力也就牢牢掌握了。

諸葛亮之所以有權力、有權威，可以說是劉備父子、兩任老闆高度信任的結果。博望坡初用兵之後，劉備對諸葛亮的信任就建立了起來，隨著時間的推移，幾乎把軍國重事全部交給了他，同時也處處維護他的權威。臨終託孤，他對諸葛亮更是信任有加，甚至說:「你的才能勝過曹丕十倍，必能安邦定國，成就大業。若是嗣子（指劉禪）可輔，則輔之；如其不才，可取而代之。」但諸葛亮始終忠於蜀漢，鞠躬盡瘁。後主劉禪雖然能耐不大，但他信任諸葛亮，放手讓諸葛亮大權獨攬。李邈上書進讒言，劉禪不聽，殺了李邈。一個敢放手，一個盡忠心，真可算是一對值得稱頌的典範。這說明，主管的權威既是上司給的，也是上司用「信任」培養起來的。用人不疑，主管才有真正的權威。

現代企業管理中有一個「責權對等」原則，即選定某人擔任某職務後，就應當讓他擁有該職位所需要的一切權力，在此權力範圍內的事，由其全權處理，而且對其處理方法及處理效果，不必過分苛求。更為重要的是，要放手讓其工作，切不可派遣監督其行為的「助手」去「協助」工作。當有人反映問題時，應不為之所動，不能立刻撤他的職、停他的工，也不能動輒派人調查一番。因為這樣，一則暴露出上級的不信任感，二則對其威信也會有不同程度的損害，對之後的工作有諸多不利。因此，企業組織在委任管理者之後，還應該設法幫助其樹立權威，以利其順利開展工作。

諸葛亮是幸運的，劉氏父子對他充分信任，給他充分的權力，也十分維護他的權威。同樣幸運的，還有東吳的陸遜。劉備為關、張兩人報仇，起兵伐吳，來勢洶洶。此時呂蒙已死，東吳孫權等人決定起用陸遜，但陸遜年紀輕、資歷淺，怕不能服眾，於是孫權把自己的佩劍給了他，說:「如有不聽號令者，先斬後奏。」但陸遜提出了進一步的要求，就是要孫權聚集百官，當面鄭重其事地賜劍。這時，謀士闞澤又提出進一步的建議:「古之命將，必築壇會眾，賜白旄黃鉞、印綬兵符，然後威行令肅。今大王宜遵此禮，擇日築壇，大會百官，拜伯言（陸遜字伯言）為大都督（與周瑜的官一樣大），假節鉞，則眾人自無不服矣。」孫權贊同，結果一場儀式做得堂而皇之。最後，孫權又對陸遜說：「朝廷裡的事，我管；戰場上的事，都由你管。」陸遜權威樹立起來後，果然令行禁止，東吳大獲全勝。

老闆有老闆的權威，主管有主管的權威，都必須樹立，都必須維護。不論是劍是印，都該和職責相隨；只有劍印在手，才會令行禁止，斬關奪隘。

義大利電信（Telecom Italia）曾經是義大利首屈一指的電信設備製造企業，財政狀況良好。1970 年代以後，通訊設備市場競爭激烈，但義大利電信卻沒有正確分析局勢，盲目樂觀，公司不斷膨脹，官僚主義作風嚴重，導致公司產品銷售額急遽下降。從 1981 年起，公司以每年 2 億美元的高額虧損，一步步邁向破產。在這種情況下，董事會決定「換馬」，新任總經理瑪麗莎上任兩年，不僅扭轉虧損局面，而且略有盈餘。

是什麼祕訣帶給瑪麗莎如此成功的榮譽？原來，瑪麗莎上任時，看到公司面臨的重重危機，立即向上司控股公司遞交了一份備忘錄。她寫道：「我認為，沿用老的管理方法是難以為繼的。如果每項改革都要耗費我許多時日才能實現的話，那麼公司的復甦是斷難指望的。控股公司的股東們必須授予我充分的權威和自主權，否則，我將辭職。」瑪麗莎的要求獲得了支持。

瑪麗莎上任後，將龐大笨拙的官僚機構分解成若干個小的生產部門，實行機構小型化，削減多餘人員，包括高階管理人員中的平庸之輩，說服工會同意裁減多餘人員。這些措施，使義大利電信這個笨重的龐然大物，變成健康的現代化組織，從而使瑪麗莎在短短的兩年內，改變了這個虧損公司的面貌。

1955年，雄心勃勃的盛田昭夫滿懷憧憬地把索尼（Sony）推廣到美國，想不到卻出師不利，銷路十分不好。原來，在美國人眼裡，日本貨就是便宜貨的代名詞，沒有人願意買。盛田昭夫碰了壁，心裡十分不悅，於是他痛下決心，要改變美國人的想法，把索尼推向美國市場。

為此，盛田昭夫專門成立索尼美國公司（Sony Corporation of America），負責索尼產品的銷售；後來又起用了美國人哈維·沙因擔任公司總經理，索尼美國公司從此開始了開拓美國市場的征程。

哈維·沙因的經營方式是純粹美國式的。他嚴格遵循邏輯性和條理性，他認為日本式的經營管理方式對索尼開拓美國市場沒有任何幫助。盛田昭夫等索尼公司的主要領導者，對沙因的想法十分感興趣，經過一番討論後，他們決定放權，讓沙因自己決定該如何經營。

總公司把權力下放後，沙因的手中有了實權，他的積極度很快被提升。沙因首先大膽地進行人事變革，大量裁員又大量吸納新人才；同時，他把美國的管理方法，如預算控制和管理人員報酬等引入索尼，獲得很好的效果。在沙因的領導下，索尼完全美國化了，很快就融入市場。沙因上任沒幾年，索尼美國就從一個單一的配送中心，發展成生機勃勃的美國分部，公司業績成長了兩倍。

索尼美國的成功，是沙因的功勞，更是盛田昭夫的功勞。因為在當時的日本駐美企業中，像盛田昭夫這樣勇於任用外國人、敢完全放手的人，是十分少見的。而正是盛田昭夫的勇於放手，才使索尼在美國的發展，有了良好的開端。

授權屬下，擔子、印章都給他

無論哪個層級的主管，他們都有一項共同的職責，那就是向屬下或團隊成員分派工作。不過，這分派工作並不是只有「動動腦袋」那麼簡單，分派得好，工作會做得又快又好；分派不好，不僅做得既糟且慢，而且會出現種種人事糾紛、工作衝突，甚至影響企業經營的大局。要分派好工作，知人善任是首要因素，而另一個也許更加重要的因素，是授權。

諸葛孔明長期充任劉氏集團的軍師，後期擔任蜀漢政權的丞相之職，調兵遣將自然不用說，每一次都分明、俐落，絕無半點含糊、拖沓。諸葛亮分派工作如此，那麼授權呢？

話說劉備新喪甘夫人，周瑜聽到，心中又生一計，要用騙婚之計，把劉備誆騙到東吳來殺掉。劉備雖說中年喪妻，「晝夜煩惱」，卻也不想往那明擺著的火坑裡跳。偏是諸葛亮卜得什麼「大吉大利之兆」，要劉備帶著趙雲前往。劉皇叔將信將疑，來到柴桑郡，趙雲按諸葛亮的錦囊妙計行事，雖然費了些周折，劉皇叔最終還是入贅了孫家，以半百之年和孫家正當妙齡的郡主入了洞房。周瑜、孫權偷雞不著蝕把米，只好將計就計，為入贅的女婿修整府第，廣栽花木，盛設器用，又「增女樂十餘人，並金玉錦繡玩好之物」。劉備果然未出二人所料，「被聲色所迷，全不想回荊州」。

卻說趙雲與五百軍在東府前住，終日無事，只去城外射箭走馬。到了年終。雲猛省：「孔明分付三個錦囊與我，教我一到南徐，開第一個；住到年終，開第二個；臨到危急無路之時，開第三個。於內有神出鬼沒之計，可保主公回家。此時歲已將終，主公貪戀女色，並不見面，何不拆開第二個錦囊，看計而行？」遂拆開視之。原來如此神策。即日徑到府堂，要見玄德。侍婢報曰：「趙子龍有緊急事來報貴人。」玄德曰：「喚入問之。」雲佯作失驚之狀曰：「主公深居畫堂，不想荊州耶？」玄德曰：「有什事如此驚怪？」雲曰：「今早孔明使人來報，說曹操要報赤壁鏖兵之恨，起精兵五十萬殺奔荊州，甚是危急，請主公便回。」玄德曰：「必須與夫人商議。」雲曰：「若和夫人商議，必不肯教主公回。不如休說，今晚便好起程。遲則誤事！」玄德曰：「你且暫退，我自有道理。」雲故意催逼數番而出。後來的結果，是劉皇叔攜孫夫人安然逃離柴桑郡，周瑜「賠了夫人又折兵」。

再說諸葛亮要派馬謖守街亭，又恐有失，便打算再拔一員上將，輔助馬謖。即喚王平分付曰：「吾素知汝平生謹慎，故特以此重任相托。汝可小心謹守此地，下寨必當要道之處，使賊兵急切不能偷過。安營既畢，便畫四至八道地理形狀圖本來我看。凡事商議停當而行，不可輕易。如所守無危，則是取長安第一功也。戒之！戒之！」這一戰，馬謖沒有執行諸葛亮的部署，結果失了軍事重地街亭，大敗而歸。等到馬謖、王平等人歸來，孔明先喚王平入帳，責之曰：「吾令汝同馬謖守街亭，汝何不諫之，致使失事？」平曰：「某再三相勸，要在當道築土城，安營守把。參軍大怒不從，某因此自引五千軍離山十里下寨。魏兵驟至，把山四面圍合，某引兵衝殺十餘次，皆不能入。次日土崩瓦解，降者無數。某孤軍難立，故投魏文長求救。半途又被魏兵困在山谷之中，某奮死殺出。比及歸寨，早被魏兵占了。及投列柳城時，路逢高翔，遂分兵三路去劫魏寨，指望克復街亭。因見街亭並無伏路軍，以此心疑。登高望之，只見魏延、高翔被魏兵圍住，某即殺入重圍，救出二將，就同參軍並在一處。某恐失卻陽平關，因此急來回守。非某之不諫也。丞相不信，可問各部將校。」

為人分派工作，是現代企業管理人員的一項主要職責。但是，分派工作絕不僅僅是把工作安排下去那樣簡單。現代管理學認為，分派還包括授予承擔工作者做那項工作的權力和責任，也就是說，分派工作還包括授權。

分派和授權會讓企業的人力資源得到最好的利用，同時也就可以創造出最佳的效益。這種因果邏輯的原理其實很簡單。把有關工作的決定權授予屬下或團隊成員，可以充分提升他們的積極度，同時讓他們在工作中得到培養和鍛鍊；隨著他們經驗的累積和能力的提升，再讓他們增加工作難度和權力，進一步豐富他們的經驗，增加他們的才幹，長此以往，良性循環。與此同時，充分授權可以讓管理人員從某些費時的、重複性的、瑣碎的工作中脫身，集中精力從事別的重要工作。因此，有些管理專家認為，是否善於分派工作和授權，是識別管理人員優秀與否的關鍵要素。

顯然，諸葛亮是一個分派工作的大師，每臨戰事，他總是「三下五除二」，就把工作分派出去。他分派工作有時很粗略，只是請那個人去做什麼；有時則很詳細，說出一番「如何如何」來。從他派遣戰將的情形來看，往往並未見到有關授權的隻言片語，這可以理解為約定俗成的授權。汝等可以「便宜行事」，即在職責範圍內，可以任意裁量，只要完成任務就行。就此而言，這樣的授權應該是充分的。請趙雲跟隨劉備去東吳娶親，就是這樣的。

劉備娶親一事，諸葛亮給趙雲的任務是「保主公入吳」，當然也包括「保主公歸來」；此外，他還給趙雲三個錦囊，內藏妙計，要趙雲依次而行。諸葛亮之所以派趙雲，是「非子龍不可行也」。事實果然如此。第一計、第三計不去說它，單說這第二計，在劉備「樂不思荊」——真是天理昭昭、「虎父無犬子」，父親「樂不思荊」，兒子日後能不「樂不思蜀」？——的時候，趙雲按諸葛的妙計，挺身而出。又是裝腔，說什麼「孔明使人來報」這一大套假話；又是作勢，作失驚之狀、故意催促數番，讓劉備從迷夢中有所省悟，最後逃離東吳。孔明多智，這次要不是派趙雲跟隨劉備入東吳，且給了他一定的處斷權，如冒犯劉備等，換了關、張，還不知道事情會變成什麼樣子，就勢這個當了駙馬、那個當了相公，也說不一定。

諸葛亮有知人之明，所以往往能量才委任、用人所長。街亭一戰中，他對王平的使用可謂「知人善任」，但卻以失敗告終，頗可思索。諸葛亮素知王平「平生謹懼」，這是王平之長；諸葛亮要他去輔佐馬謖，也可謂「用人之長」。王平在這次戰事中也確實用了他的所長，他謹遵諸葛亮的囑託，力諫馬謖遵守軍令，諫而不成，則自己另紮營寨，並繪了地形圖，火速送給軍師。可惜，諸葛亮用王平所長，卻未能奏效；王平竭其所長，卻未能成功。原因何在？因為權責不相吻合，只給了擔子，沒有給印章——也就是權力。諸葛亮既然「特以此重任相托」，就應該給王平相應的許可權，可是他沒有；既然囑託「凡事商議停當而行」，就應該相應地限制馬謖的許可權，可是也沒有。如此，馬謖不聽軍令之時，王平只能力諫，沒有否決權，沒有處斷權，空有所長，徒呼奈何。就此事而言，諸葛亮不如孫權——劉備攜孫夫人逃離東吳，孫權以佩劍付追逃之將，囑其見了妹妹、妹夫，更不多言，殺了便是。責有，權也有，不怕事情不成。可惜來得太晚了，沒攔下、沒殺成，但卻並非用人之過。而如果當初諸葛亮也給王平一把「尚方寶劍」——某種許可權，那王平便能夠「便宜行事」，難說街亭就必失。這場守衛戰原本並不難打，由此可見，授權確實非常重要。

日本經營之神松下幸之助在企業經營中，總是能夠大膽地將工作、職權授予下屬。松下不只一次地說，自己因為身體不好，總是把更多的事情交給別人做。這固然是事實，但之所以有如此的膽量與氣度，更根本的原因，在於松下看重下屬的長處。他說：「能夠看出部屬長處的人，是非常幸福的。為人的短處而操心，遠不如看其長處而加以任用，這樣所能得到的好處，到後來還是非常大的。」

松下授權給下屬，也有自己的一套訣竅。其中最重要的是設定目標後，應該信任部屬。每當考慮授予職權給下屬時，松下就立刻想到：「這個人一定可以，就交給他了。」松下總是大幅度地把職權授予下屬，這些職權包括：對特定問題，可以做出決定，即「決定權」；向別人發出命令，讓他們去做特定的事情，即「命令權」；自己能做特定的行為，即「行為權」。

一次，松下電器要生產電暖器和收音機，當時公司內部沒有這方面的專門人才，最後，松下在公司選了一個叫中尾的員工。根據松下的了解，這名員工平時很善於研究調查，於是，松下便委派他來全權負責電暖器和收音機的研製開發。正是在如此充分的授權下，中尾信心倍增，發揮潛力，在不久的時間內，便開發出這種新型產品。

還有一次，松下電器要在「金澤」設立一個聯絡處，這項工作因苦於沒有合適的人選，遲遲未能開展。後來，松下大膽起用一個進廠兩年、20歲出頭的年輕人，授以一定的職權，讓他去開拓「金澤」的那項工作。剛開始，年輕人聽到這樣的安排，簡直嚇了一跳，松下卻鼓勵他說：「你一定能夠做到！」果然，那位年輕人迅速地就把聯絡處的各項準備工作做好了。

胡蘿蔔加大棒，兩手都要

用「胡蘿蔔加大棒（Carrot and Stick，恩威並濟、威脅利誘）」來概括獎和罰，雖說未必登得了學院派管理學的大雅之堂，倒也形象貼切。學術界的各種學說，其實都離不開人類的基本生活，因此，高深的學問大可以藉助幾個通俗的詞彙來解釋，這樣才可能說得明白透澈。

就管理者而言，治軍、治政和經商差不多，信賞必罰、賞罰分明、賞罰得當，就是最大的共通點。諸葛亮執掌劉氏集團、軍國重事，管理那麼大的集團，沒有方法是不行的，這方法之一就是獎和罰。孔明先生深諳獎罰之道，他的棒子下手夠狠，他的胡蘿蔔滋味夠甜。

話說街亭大戰之前，諸葛亮已經派馬謖、王平去守街亭，但仍是放心不下，又派了高翔、魏延前去接應，最後又派出趙雲、鄧芝兩隊人馬。不料馬謖不遵號令，街亭失守，幸虧有後幾隊人馬以及後來的部署，蜀軍才安全地退回漢中。卻說孔明回到漢中，計點軍士，只少趙雲、鄧芝，心中甚憂；乃令關興、張苞，各引一軍接應。二人正欲起身，忽報趙雲、鄧芝到來，並不曾折一人一騎；輜重等器，亦無遺失。孔明大喜，親引諸將出迎。趙雲慌忙下馬伏地曰：「敗軍之將，何勞丞相遠接？」孔明急扶起，執手而言曰：「是吾不識賢愚，以致如此！各處兵將敗損，唯子龍不折一人一騎，何也？」鄧芝告曰：「某引兵先行，子龍獨自斷後，斬將立功，敵人驚怕，因此軍資什物，不曾遺棄。」孔明曰：「真將軍也！」遂取金五十斤以贈趙雲，又取絹一萬匹賞雲部卒。雲辭曰：「三軍無尺寸之功，某等俱各有罪；若反受賞，乃丞相賞罰不明也。且請寄庫，候今冬賜與諸軍未遲。」接著，諸葛亮批評了王平，又把馬謖喚來，嚴厲斥責後，命左右推出去斬首。縱有高官蔣琬求情，諸葛亮還是堅定地處置了馬謖。

任何組織要良性執行，都必須有它的激勵和約束機制，落實到措施上，就是賞和罰，說白話一點，就是胡蘿蔔和大棒。胡蘿蔔和棒子這兩種工具使用好，可以達成很好的激勵和約束作用；用不好，則適得其反，不僅人們不歡迎的棒子如此，就算是人人都願意得到的胡蘿蔔，也是如此。因此，胡蘿蔔和棒子的使用要有原則，那就是信賞必罰、賞罰分明、賞罰得當。

信賞必罰，是說賞罰要言出必行，說過的就要做到。如果事前許諾的獎賞不能兌現，或規定的懲罰未能執行，就必然影響賞罰制度的信用，損害企業和領導者的形象，不僅無法造成激勵、警示作用，負面影響也將會十分明顯。該獎未獎的，將不再努力，甚至乾脆不做了；該罰未罰的，將心存僥倖，甚至肆無忌憚。

賞罰分明，是說無論是賞是罰，都要清楚透明，不能「猶抱琵琶半遮面」，賞罰都要放到桌面上來，結果要明確公布。對同一個團隊或同一個人，不能有什麼將功補過的差別，功是功、過是過，功要獎，過還是要罰。只有賞罰分明，才能達到示範作用。

賞罰得當，是指程度、標準問題。賞罰固然是對當事人功過的報償和懲罰，但作用絕不僅止於此。就組織而言，都期望賞罰成為一種機制，除了用於已然事實，也用於未然的行為，也就對當事者本人和其他人都能產生激勵或警示作用。有沒有作用，就是一個衡量當與不當的標準。這個標準的掌握是很微妙的，但這微妙卻不能成為隨意行事的藉口。一般來說，得當與否，應該是制度、規定說了算，應當盡可能減少人為因素。如果有問題，也應該是修改制度或規定，而不是修改具體的賞罰。

諸葛亮執掌劉氏集團的軍國大事，賞罰之事自然少不了，但《三國演義》寫得最充分的，還是街亭戰後的那一回。受賞的是趙雲，諸葛亮賞他謹遵號令、不折一人一騎。對此，趙雲有不同意見，認為打了敗仗，都有錯，如果受賞，就顯得諸葛亮「賞罰不明」了。其實，諸葛亮賞趙雲，賞得分明、得當，雖然整個戰役以失敗告終，但趙雲只對其中的幾次戰鬥負責、不對整個戰役負責，戰役失敗責任不在他，而他負責的幾次戰鬥，卻打得十分精彩、勝得淋漓暢快，當然應得獎賞。在街亭這場諸葛亮一生最為狼狽的戰役中，趙雲能不折一兵一騎、不丟輜重兵器地解決戰鬥、得勝而歸，實在難能可貴，賞他是再分明、恰當不過了。至於趙雲把獎品、獎金寄存在府庫裡，或者是捐助了什麼的義舉，那就是另外一回事了。

街亭戰後受罰的是馬謖，而且罰得不輕。論交情、論戰事，馬謖當可不殺，但軍紀嚴肅，又有軍令狀在，因而諸葛亮毅然決然揮淚斬馬謖。失去了一個將才 —— 蔣琬稱馬謖為「智謀之臣」 —— 對蜀漢是一個損失，但如果姑息遷就，那影響肯定會更大，這其中的分量，諸葛亮能夠評估。當然，在軍前立過軍令狀的，不只馬謖一人，諸葛亮大多能信賞必罰、賞罰分明；只是關羽在華容道放了曹操那次，諸葛亮也拿出了依軍令狀罰關二爺的架勢，但被老闆劉備一勸，也就不了了之了，這個就只能另當別論了。

街亭戰後，對趙雲、對馬謖，一賞一罰，諸葛亮信賞必罰、賞罰分明，整肅了軍紀，鼓舞了士氣。現代企業組織中的主管，也該像諸葛亮這樣，胡蘿蔔加棒子，兩手都要。

長期以來，奇異公司雄踞世界 500 強企業前列，人們將之歸功於有「世界第一 CEO」之譽的傑克．威爾許。

1981 年 4 月 1 日，45 歲的傑克．威爾許當上了 GE 的掌門人。此時，這家已有 117 年歷史的公司已盡顯疲態，在全球競爭中，正在走下坡路。20 年過去了，在威爾許的帶領下，GE 又煥然一新，其市值由當初的 149 億美元，飆升至 4,108 億美元，漲了將近 30 倍！

威爾許的成功，原因是多方面的。其中很重要的一點，就是他制定了一套嚴格的賞罰制度。

威爾許認為，一個領導者必須熱愛自己的員工、擁抱自己的員工、激勵自己的員工，領導者的工作就是把最優秀的人才延攬過來。威爾許把人分成三類：前面最好的 20%，中間業績良好的 70%和最後面的 10%。前 20%和後 10%的姓名和職務，他都掌握得很清楚。最好的 20%可以受到精神及物質獎勵，公司會盡力培養這些人，並確保人才不會流失；最後的 10%往往很少變化，公司必須將其淘汰，如果不及時淘汰，就是對公司的不負責。這套機制被威爾許稱為「活力曲線（Vitality curve）」。正是有了這套優勝劣汰的機制，GE 才能招攬最優秀的管理或技術人才，也才能興盛、發達、基業長青。

威爾許在獎懲上從來都公私分明，嚴格執行。有一名高階主管，平日裡他們私交很深，兩人的妻子也時常往來，親如一家。可是有一次，這位高階主管犯了錯，導致公司損失重大，威爾許例行公司規定，不由分說就把他開除了，根本不講情分。這件事，對整個公司、全體員工都造成很好的警示作用。

在這個充滿競爭的世界裡，威爾許的這套獎罰分明的用人方法是十分奏效的，它確保了 GE 的人才品質，也就確保了 GE 的生命力。

板起鐵面，維護紀律的尊嚴

出了錯，違了紀，當然要施以懲戒，軍隊如此、政府如此、企業如此，這是再自然不過的了。然而，真的要做起來，也許並不那麼容易。或者投鼠忌器，或者愛屋及烏，總之會顧慮重重、猶疑不決。因此，要當一個好主管，就要在面對違紀行為時，鐵面無私，果斷下手。

劉備劉老闆手中的劉氏集團，素以「仁義」著稱於世，但這仁義卻並未影響其紀律嚴明、賞罰分明的一面。諸葛亮雖然宅心仁厚，但面對違規違紀行為，卻也能狠下心來，施以辣手。

話說諸葛亮剛從劉備手中接過劍印，分派關羽、張飛等如何在博望坡禦敵；關、張兩人覺得諸葛亮初來乍到，又未顯露什麼「真實效驗」，便冷嘲熱諷，說了些風涼話，做了些推阻事。想不到這孔明鐵面無情，急了就說「劍印在此，違令者斬」。

卻說劉氏集團占據益州，老闆劉備「使諸葛軍師定擬治國條例，刑法頗重」。這時，法正以漢高祖劉邦「約法三章」的輕刑簡法為據，勸諸葛亮「寬刑省法」，諸葛亮卻另有看法，他認為益州的前任管理者「德政不舉，威刑不肅」，所以應該治亂世用重典。

又說這馬謖失了街亭，致使諸葛亮的北伐計畫毀於一旦。馬謖領命之時是立了軍令狀的，把身家性命都押了進去，因此，按軍法，馬謖當斬。馬謖頗有才幹，和軍師的私交也頗深，但諸葛亮還是未予通融，「揮淚斬馬謖」。孔明喝退（王平），又喚馬謖入帳。謖自縛跪於帳前。孔明變色曰：「汝自幼飽讀兵書，熟諳戰法。吾累次丁寧告戒，街亭是吾根本。汝以全家之命，領此重任。汝若早聽王平之言，豈有此禍？今敗軍折將，失地陷城，皆汝之過也！若不明正軍律，何以服眾？汝今犯法，休得怨吾。汝死之後，汝之家小，吾按月給與祿糧，汝不必掛心。」叱左右推出斬之。謖泣曰：「丞相視某如子，某以丞相為父。某之死罪，實已難逃；願丞相思舜帝殛鯀用禹之義，某雖死亦無恨於九泉！」言訖大哭。孔明揮淚曰：「吾與汝義同兄弟，汝之子即吾之子也，不必多囑。」左右推出馬謖於轅門之外，將斬。參軍蔣琬自成都至，見武士欲斬馬謖，大驚，高叫：「留人！」入見孔明曰：「昔楚殺得臣而文公喜。今天下未定，而戮智謀之臣，豈不可惜乎？」孔明流涕而答曰：「昔孫武所以能致勝於天下者，用法明也。今四方分爭，兵戈方始，若復廢法，何以討賊耶？合當斬之。」須臾，武士獻馬謖首級於階下。孔明大哭不已。……大小將士，無不流涕。

街亭事件，應該是諸葛亮一生中最大的失誤。街亭之重要，孔明深知，但他還是用了馬謖去守。馬謖其人言過其實，而且剛愎自用、不聽人勸，這樣錯上加錯，最終導致了不該發生的錯誤。對馬謖的缺點，諸葛亮也心知肚明，何況還有先帝劉備的臨終警告，但他為什麼還要用馬謖呢？原因是馬謖立了軍令狀。諸葛亮心想：「你以全家性命擔保，總該萬無一失吧？」誰知這馬謖自信過頭，街亭還真被他丟了。

如何看待諸葛亮「揮淚斬馬謖」這件事，歷史上早有爭議，見仁見智。馬謖失守街亭，負有主要責任；但在用人遣將上，諸葛亮也負有重大責任。雖然諸葛亮阻止過馬謖，但還是遣他去了，原因在馬謖立下了軍令狀。其實這軍令狀是靠不住的，關羽去華容道截擊曹操時，不是也立過軍令狀嗎？關羽放走曹操絕非力不能及，其罪比馬謖要嚴重得多。當初，諸葛亮能以曹操不該死為由，替關羽開脫，為什麼不在斬馬謖之前自攬責任、貶職三級，為馬謖開脫，免其死罪呢？況且，馬謖被斬後，眾將及全軍官兵，包括諸葛亮本人，都為其流淚悲涕，可見，馬謖固然當斬，卻也有可以原宥的地方。但是，如果從維護軍紀尊嚴這一點出發，就很容易理解了。

賞和罰，是古今將帥治軍的兩種手法，相輔相成。賞與罰的依據，就是制度和紀律。

軍隊有鐵的紀律，才能令行禁止，才有戰鬥力。在中國歷史上，宋代的岳家軍、明代的戚家軍，都是由於紀律嚴明，才不畏強敵、勇敢善戰的。紀律應該是無私的，罰不避親，刑不畏貴，法才有權威性，令才有號召力。歷史上曾流傳著許多執法嚴明的佳話，孫武演兵斬美姬、穰苴轅門立表斬莊賈、周亞夫細柳行軍令、孔明揮淚斬馬謖……等，都是著名的範例。

管理現代企業，也與治軍一樣，要有嚴明的紀律。企業的規章制度是企業管理現代化的重要方式，這個方式運用得好壞，直接影響企業的生存和發展，同時會直接關係到企業的經濟效益。如果有紀律而束之高閣、廢置不用，那紀律就將成為一紙空文，沒有人會再重視它；如果在紀律的執行中搖搖擺擺，忽緊忽鬆、忽重忽輕，或者因人而異、親疏有別，人們就會設法鑽紀律的漏洞，這紀律失去嚴肅性不說，也不會達到應有的作用。

對企業成員來說，紀律具有約束作用，就這一點來看，它是「消極」的，但守紀律的主管、員工又是企業的一筆寶貴財富。因此，任何企業都十分注重紀律的設計和執行；同樣，每一個優秀的管理者，也都非常重視紀律的作用和運用。身為主管，在員工加入你的團隊時，就應該先申明紀律，並告知違反紀律的後果，使其無從找到「我不知道有這種規定」的藉口，就如同諸葛亮要馬謖立下軍令狀；其次，工作的過程也是重申紀律、督導守紀、糾正偏差的過程，這是主管人員培養團隊成員遵紀意識和習慣的最佳方式。當違紀行為出現時，則必須盡快依照紀律，對違紀者施以懲戒 —— 懲罰當事人，儆戒其他人。

現代企業規範的懲戒方式，有質詢、口頭警告、書面警告、嚴厲訓斥、暫停工作和開除等。違紀懲戒的不同方式，有使用許可權，一些較嚴厲的方式，需要更高層級的管理者作出。但是，對任何階層的管理人員來說，都應該與違紀員工一起努力，以幫助他們改正錯誤。

1984 年的洛杉磯奧運，為許多人留下十分美好的回憶。然而，對柯達來說，這段時光卻是不堪回首的，那是一段失敗的慘痛歷史。

1979 年，洛杉磯奧運的主辦人尤伯羅斯宣布，奧運將選擇 30 家廠商作為贊助廠商，贊助廠商可以得到的回報是 —— 其商品將成為奧運的專用品，可以在各運動場館中任意擺攤、設點銷售；商品可附印奧運會徽和吉祥物「山姆鷹」的圖案；同時還可以享受門票優待，並且，尤伯羅斯又特別指出，每個行業他只選擇一家。

訊息一出，許多廠商都很感興趣。國際膠捲市場上的兩大競爭對手 —— 富士（Fujifilm Holdings Corporation）和柯達，也在其中。

柯達的高層領導者對此事十分重視，他們交代營業部經理和廣告部主任，務必要將贊助權拿下。可是，營業部經理和廣告部主任卻有些不以為然，他們傲慢地認為，憑著柯達在全球的知名度，申請一個贊助權是輕而易舉的，於是兩人自作主張，和尤伯羅斯殺價，要求將贊助費由 400 萬美元降至 100 萬美元。尤伯羅斯著急了，他是願意與柯達合作的，但 400 萬美元是底線，他絕不能鬆口，他甚至專程從洛杉磯飛往柯達總部，試圖說服柯達的兩位主管，然而最終沒能成功。

與此同時，富士卻做好充分準備，他們不僅降低膠捲的價格，而且一再抬高贊助費，最終以 700 萬美元得到贊助權。得到贊助權後，富士大張旗鼓地開始了策略部署：在各個場館開設沖印中心、提高沖洗膠捲的能力，達到每日 1.3 萬個，並承接放大、剪輯等業務。富士像是一夜成名，業績激增數倍。

柯達的高層領導者得知此事後，痛心不已，他們狠狠地教訓了那兩個不聽指揮、大意輕敵的員工，並將其中的廣告部主任撤了職。

事後，柯達公司想盡一切辦法挽回損失。他們甚至花了 1,000 萬美元 —— 這比 400 萬美元的贊助費高多了 —— 大做廣告，宣傳柯達的產品。然而，奧運的贊助權已被富士奪走，無論柯達公司再如何努力，終究未能扭轉慘遭淘汰的結局。

激勵部屬，活用各種方法

人的前進既需要自我驅動力，也需要外在動力。自我驅動力是對自己的事情有充分的動力來源，像是家人、親友，或老闆、上司；當然像物質刺激與精神鼓勵也算是一種。身為企業管理者，主管人員應該充分了解激勵的功能，並運用它，把部屬的積極度充分提升，把部屬的潛能充分發掘。這樣一來，對管理者的工作、對團隊的成績、對企業的效能，都可以事半功倍。

諸葛亮手下官吏無數、戰將如雲，對他們除了使命的感召、榜樣的帶動之外，孔明先生還頗善運用激勵手法，尤其是「刺激之法」。

話說劉備成都稱帝，與魏、吳形成三國鼎立的局面。早有一統中原、獨霸天下的曹操豈能甘心？眼看漢中地區也被劉備控制，如其羽毛漸豐、成了氣候，恐怕對曹魏大大不利。於是曹操派大將張郃不斷侵犯蜀漢，欲吞之而後快。在劉備這裡，派誰去迎戰呢？張郃非等閒之輩，蜀漢大將中，恐怕只有張飛和黃忠才能勝任。但張飛不在跟前，只能派黃忠。諸葛亮聚齊眾將，只說對付張郃必得張飛；法正建議從帳內諸將中選一個人去，諸葛亮只說不行：「張郃乃魏之名將，非等閒可及。除非翼德，無人可當。」就在此時，老將黃忠一聲厲喝，出班請戰。諸葛亮說他年老，這老將便又是掄刀、又是拽弓。最後，諸葛亮派黃忠迎戰張郃，並要嚴顏當他副手。眾人對諸葛亮的調派不明所以，連趙雲也以為二位老將無法當此大敵。結果卻如孔明所料，黃忠計奪了天蕩山，接著去奪定軍山，諸葛亮如前法炮製，又是一番刺激，惹得黃忠一番慷慨激昂的豪言壯語。這次又派去，黃忠果然又不負重託。就此，孔明曾對劉備說：「此老將不著言語激他，雖去不能成功。」

再說諸葛亮南征，將那番王孟獲三捉三放，大獲勝捷。這一日，孔明渡了瀘水，下寨已畢，大賞三軍，聚眾將於帳下曰：「孟獲第二番擒來，吾令遍觀各營虛實，正欲令其來劫營也。吾知孟獲頗曉兵法，吾以兵馬糧草炫耀，實令孟獲看吾破綻，必用火攻。彼令其弟詐降，欲為內應耳。吾三番擒之而不殺，誠欲服其心，不欲滅其類也。吾今明告汝等。勿得辭勞，可用心報國。」眾將拜伏曰：「丞相智、仁、勇三者足備，雖子牙、張良不能及也。」孔明曰：「吾今安敢望古人耶？皆賴汝等之力，共成功業耳。」帳下諸將聽得孔明之言，盡皆喜悅。

激勵是企業管理的一種重要方法。按照心理學的原理，人類行為的動力來自於人們的各種需求。當產生某種需求後，就會轉化為具體的動機，引發出某種特定的行為，而激勵正是對實現需求動機的強化。管理者透過激發鼓勵，可以最大限度地提升被激勵者的主觀能動性，發揮一個人的最大效能，從而更迅速、更圓滿地實現管理目標。

在企業管理中，激勵的方法根據人的需求，可以有許多種，包括獎金、紅利、提拔、表揚、休假……使用哪一種方法，要因表現、成績而異，也要因人而異。

同時要注意的是，並非只有物質激勵才有作用，精神激勵同樣有其效果，而且有時候效用更大。諸葛亮南征渡瀘水後聚集眾將，對他們大加褒揚——「皆賴汝等之力，共成功業耳」，結果諸將聽了他的話，「盡皆喜悅」，其後諸將都盡心竭力，又四擒孟獲，獲得南征戰役的重大勝利。

在葭萌關告急時，諸葛亮心裡明白，只有遣派黃忠等五虎大將之類的人物，方可確保關隘無險。諸葛亮在考慮要派黃忠去時，又感覺到直接委派不如刺而激之，因為黃忠武藝高強，為人最大的特點是不服輸，於是就安排了原典中的那一幕。事實證明，諸葛亮抓住了黃忠的特點，利用這個特點使其增強鬥志，也增加了獲勝的可能。

從個人心理角度來說，一個人做事能否成功，與他對這件事的熱情和雄心有直接關係。世界上事物的可為與不可為，最大的差別不是來自於事物本身，而是人們對事物的看法。換言之，這是一種感覺，而跟事物本身無關；再換句話說，它是一種心理狀態。想做成一件事，如果具備良好的信心和熱情，那麼也就獲得了一半的成功。

運用激將法激勵士氣和鬥志，是將帥帶兵打仗的一種常法，也是經營管理中常用的一種藝術。在現代管理中，有人把激將法拓展為精神刺激法和救災式管理法。所謂精神刺激法，就是利用特殊的環境和特定的條件，在人們心目中必然產生的特定影響，驟然激發人的潛能，完成一般情況下也許無法完成的任務。諸葛亮非常善於運用這種手法，天蕩山、定軍山之戰中，對老將黃忠用的就是這種方法。

而所謂「救災式管理」，就是利用災難式的情況，來促發被管理人員的潛能。這種管理方法確立的基礎是，任何人在面臨危難時，其處理情況的速度比想像的速度要快很多，發揮出來的能力非平常所能，工作效率會提升到最高標準。就管理而論，這裡的災情，可以從廣義上去理解，包括危及企業和職員根本利益或特殊利益的一切事件。身為管理者，其責任就是及早發現它，不失時機地利用它，使「災情」明朗化，為眾所識，以激起團隊的潛力。這種方法諸葛亮在軍事指揮中也很常用，所謂哀兵必勝、置之死地而後生，都屬之。

有意製造「危機」，也包括對員工個人。管理者要設法讓員工對自己的工作產生「危機感」，感到有壓力。日本有家企業制定出一條獨特的廠規：每個職員不得在同一部門、同一職位連續任職兩年，而是一般以六個月為期，進行輪調。乍看起來，這違背「熟練出效能」的一般原則，但其實它可以讓職員產生「危機感」，從而始終保持一種亢奮的心理和競爭狀態，且可以提高應變能力和適應性等基本需求，把員工訓練成一專多能的「多面手」。

還有一種惠而不費的激勵方法，是給員工參與的機會，也就是把員工編進任務小組中。許多企業採用員工參與機制來增加激勵效果、對公司的忠誠，和提高工作品質。感受到自己是企業不可或缺的員工，會產生做好工作的積極心態，這也就是當今企業管理極力強調團隊建設的原因之一。透過團隊工作的方式，員工們能完成許多與激勵需求相關的工作，團隊成員可以共享知識、技能和報酬，企業則可以從一個更加強勁的工作團隊中大受裨益。

保羅．蓋蒂（Paul Getty）是美國石油大王，曾有「世界第一富豪」之稱。他手下有一名叫喬治．米勒的管理人員，此人勤奮、誠實，有紮實的專業基礎，深得蓋蒂賞識。於是，蓋蒂把他派往洛杉磯郊外的一片油田，負責那裡的管理工作。

然而，令蓋蒂失望的是，一個月過去了，那片油田依然沒什麼新變化。米勒不僅沒有解決油田資源浪費、設備閒置、工作進度緩慢等問題，而且變得疏懶懈怠，整天待在辦公室裡，連工地都懶得去。蓋蒂十分氣憤，他甚至想炒米勒的魷魚。

不過，蓋蒂還是強壓住心頭的怒氣。他相信自己的眼光肯定不會錯，米勒如此表現，肯定是有什麼原因。那麼，如何才能把這個人才利用起來呢？蓋蒂左思右想，最後做了一次大膽的嘗試。

蓋蒂把油田全權交給米勒，從此以後不再支付薪資，而是照一定比例，將油田利潤分紅給他；也就是說，油田的利潤越高，米勒的收入就越高。

事關切身利益，米勒再不敢有絲毫鬆懈，馬上投入到油田的運作管理中。米勒首先遣散多餘的人員，並讓所有機器都運轉起來，最大限度地發揮人力、物力資源；其次，他改變自己的工作作風，不再整天坐辦公室看報表，而是天天去工地，進行檢查和督促。

兩個月以後，當蓋蒂再次來到油田，他興奮極了。這裡再沒有往昔悠閒散漫的景象，再沒有浪費資源、機器停產的現象，而油田的產量節節攀升，利潤的成長更是快得驚人。

懸在蓋蒂心上的那塊石頭落了地。當初做出那個大膽的決定，只為激勵米勒，沒想到結果會這麼好。這一次，不僅米勒的腰包豐收了，公司的利潤也呈幾何級數成長，一舉兩得，皆大歡喜。

管人要懂御人之道

龍生九子，各個有別。稀有的龍尚且如此，全世界都有的「人」，就更是這樣。在辦公室裡，我們能遇到各式各樣的人，其中就有恃才傲物的人，也有並沒有多少才可恃卻高傲的人；有心眼比針尖還小的人，也有心眼並沒有多大，卻比篩子孔小不了多少的人……同處一室，當然最好有點應付這種人的本事；而對企業的管理者來說，對這類「特殊」的人物，要有獨特的統御之道，讓他們不影響工作，而且能發揮應有的作用。

諸葛亮所在的劉氏集團中，這類有問題的人物不少。魏延是，法正是，關、張兩家的公子也是，就連他們的「老爺子」關羽、張飛也是，一個個都不好對付。幸運的是，諸葛孔明熟諳統御之道，沒什麼事在他那裡是擺不平的。

話說關羽和張飛仗著自己和劉備是生死結拜的兄弟，又仗著自己的絕世武藝，對光會動嘴皮子的諸葛孔明早有不服之心。雖然博望坡初用兵，諸葛亮用智敗了曹操，讓關、張二人稍有心服，但在骨子裡是否真服，尚不可斷言。諸葛亮何其精明，能不心知肚明？因此在華容道伏曹的問題上，雖說結果已經早已料定，但還是激關羽立了軍令狀，讓他記取這個教訓，也收斂一下自己的傲氣，從今以後多點服從指揮、少點自作主張。

卻說這法正原本是益州劉璋手下的一員小官。他和密友張松勸劉璋迎劉備來蜀中，劉璋便派他去和劉備聯絡。後來，劉璋受人挑唆，殺了張松，與劉備對抗，法正也就留在劉備軍中。在後來一系列入主西川的行動中，法正出了不少主意、做了不少事情。劉備入川後，法正被封為蜀郡太守。但此人心眼小、報復心強，且看法正為蜀郡太守，凡平日一餐之德，睚眥之怨，無不報復。或告孔明曰：「孝直太橫，宜稍斥之。」孔明曰：「昔主公困守荊州，北畏曹操，東憚孫權，賴孝直為之輔翼，遂翻然翱翔，不可複製。今奈何禁止孝直，使不得少行其意耶？」因竟不問。法正聞之，亦自斂戢（收斂、約束）。

誰都喜歡結交、使用德才兼備、十全十美的人物，但生活、工作中，這種人簡直如鳳毛麟角，可說是保育類動物。舉目環顧，更多的恐怕是有各種問題的人，這才是真正的現實。面對現實，就要面對各式各樣的人。但是，面對並非消極被動，而是要針對不同的人，使用不同的方法，或者避其所短、用其所長，或者使其劣勢化為優勢。這就要求管理者懂得一些「統御之道」，用白話來說，就是「領導藝術」。

劉氏集團劉老闆的兩位結拜兄弟關羽和張飛，才能——即武藝——都出類拔萃，人卻一個失之傲、一個失之暴。關羽的本事固然夠大，但傲氣卻也很高，普天下的武將，恐怕沒有一個人能被他看在眼裡。比如劉備收降了馬超，他得知馬超武藝高強、名聲很大，就要從荊州專程趕到成都，找人家比試比試；看了諸葛亮勸——其實是以誇代勸——他的信，打消了比的念頭，卻把信拿給大家看，展現自己在孔明眼中，比馬超強出許多。無論是提出比試還是炫耀來信，都透著十足的傲氣。

諸葛亮當然知曉關二爺的這股傲氣，也知道不挫挫他的傲氣不行，於是，在華容道一事上，諸葛亮狠狠地敲了他一下。其實，在三國對峙中，諸葛亮並不想很早就除掉曹操，曹操一旦身亡，一時間恐怕龍蛇皆出，不知道有多少股勢力會冒出來，擠占劉氏集團的勢力範圍；同時，東吳也會因為曹魏的瓦解而坐大，那時候，劉、吳兩集團就很難在聯合的談判桌前平等地坐下來。諸葛亮所謂曹操不該命絕的乾象之說，不過是賣個關子。他知道讓關羽守華容道，一定會放了曹操 —— 這也正是他要做的，但卻可以因此抓住關羽的一條小辮子，於是，他派關羽去，又要關羽立軍令狀。

諸葛亮對關羽採取的是先激後制的方法，就是先採取激將法，讓關羽去做他為難而且可能做不好的事情，並立下軍令狀；當他沒有把事情做好時，又採取制伏的方法，讓他低下高傲的頭顱。諸葛亮是正經慣了的，但在關羽未能抓獲一將一士「黯然」而歸時，他卻假情假意說這說那，讓很要臉面的關羽感到十分慚愧。可想而知，當關羽按軍法當斬而又被寬恕時，他的傲氣自然會收斂一些，服氣自然也增加一些。

法正是另外一種類型的人物，有點小心眼，度量不大，事情做得也不留餘地。用向諸葛亮反映情況的人的話說，就是太蠻橫 —— 非常霸道。對於法正，諸葛亮沒有採取對付關羽的方法，而是放話出去，說法正立了不少功，為什麼不能讓他暢快隨意一些呢？結果，法正聽到這話，從此就開始約束自己了。對關羽、對法正，所用方法不同，卻殊途同歸，收到了同樣的效果。而方法的不同，則是因人而異，對症下藥。尤其是針對法正的方法，不著痕跡，卻盡得風流。

企業組織中的主管人員，無論職位高低都是領導者，當然應該懂得領導藝術、了解領導技巧。無論藝術還是技巧，都與封建時代的「權術」有本質的不同，它們不過是洞悉人性、因人而異的一些策略，目的所向，對事不對人 —— 不是整人，而是把事情做好。

日產汽車（NISSAN）本來是日本汽車行業中數一數二的大廠。然而，1990年代以來，因經營管理不善，日產汽車市場日益萎縮，負債纍纍，到1999年，日產汽車在日本和北美的市場占比僅剩不足1%，同時，企業負債卻已高達200億美元。日產公司的經營舉步維艱，隨時有破產的可能。

此時，法國雷諾汽車（Renault S.A.）做出一個大膽的決定：他們出資54億美元，收購日產44%的股權，當起日產的新老闆。

雷諾汽車派往日產的第一位管理者叫戈恩。戈恩初到日產時，公司上下沒有一個人對這個外國人的到來表示熱情，傲氣十足的日本人，用懷疑的目光審視這位新上任的管理者，心中充滿警覺和不信任。

戈恩新官上任卻「出師」不利，但他並不在意，他的心中只有一個信念，那就是要盈利、要成長。戈恩很快總結出日產衰敗的五大原因：缺乏清晰的利潤導向、沒有對客戶需求給予足夠的關注、過分熱衷於追趕競爭對手、公司缺少跨職能與跨團隊的合作、缺乏共同的長期計畫。

戈恩開始對症下藥，首先他要對公司進行重組。訊息一經傳出，人們便議論紛紛。日產有幾位高階主管，向來不服戈恩的領導，於是他們藉機生事，把重組計畫搞砸了。事關重大，戈恩慎之又慎，他鄭重地告誡那些知悉重組情況的高層領導者，如果誰走漏消息，就會立即被公司開除，不僅如此，他還要多關閉兩家工廠以示懲罰。此話一出，公司高層再沒人敢有小動作了，重組計畫最終順利完成。

重組後的日產輕裝上陣，在戈恩的帶領下一步步實現銷售和利潤目標。2003年，日產的利潤達46億美元，營運收入提升80%，達到680億美元。讓人們不禁驚呼：日產復活了！

沒錯，日產復活了。戈恩用行動證明自己的實力，如今日產裡再沒有人敢小覷這位外國管理者，也再沒有人敢懷疑戈恩的能力，戈恩贏得了權威。

有知人之明，方可收用人之效

在現今這個所謂「知識經濟時代」裡，人才已經成為企業生存和發展最重要的「好東西」，延攬、使用人才，成為企業經營管理最為重要的環節。對於人才，無論延攬、使用，首先都必須了解；只有了解，才能得到人才、用好人才。因此，身為主管人員，務必要有知人之明，如此方可用人所長，方能收到用人之效。

諸葛亮出山以後，大多數時間任職劉氏集團的最高層主管，屬下文官武將數以千計，就連關、張、趙也常常聽命於他。如此眾多的人才，能否量才使用、用之收效，知人的責任可謂重大。諸葛高才，他有非凡的識人之明，也因之而才為所用、用之奏效，甚至是點石成金、化腐朽為神奇。

話說蜀漢大將黃忠，在劉備、諸葛亮北取漢中的時候，已經年近七旬，垂垂老矣。這日，曹魏悍將張郃來攻葭萌關，守將出迎不敵，劉備請軍師來商議退敵之策。諸葛亮說要請張飛，方可勝這張郃；法正認為張飛所守也是緊要之地，需另選一將。但諸葛孔明先生卻堅持「除非翼德，無人可當」。這時，忽一人厲聲而出曰：「軍師何輕視眾人耶！吾雖不才，願斬張郃首級，獻於麾下。」眾視之，乃老將黃忠也。孔明曰：「漢升雖勇，爭奈年老，恐非張郃對手。」忠聽了，白髮倒豎而言曰：「某雖老，兩臂尚開三石之弓，渾身還有千斤之力。豈不足敵張郃匹夫耶！」孔明曰：「將軍年近七十，如何不老？」忠趨步下堂，取架上大刀，輪動如飛；壁上硬弓，連拽折兩張。孔明曰：「將軍要去，誰為副將？」忠曰：「老將嚴顏，可跟我去。但有疏虞，先納下這白頭。」玄德大喜，即時令嚴顏、黃忠去與張郃交戰。趙雲諫曰：「今張郃親犯葭萌關，軍師休為兒戲。若葭萌一失，益州危矣。何故以二老將當此大敵乎？」孔明曰：「汝以二人老邁，不能成事，吾料漢中必於此二人手內可得。」趙雲等個個哂笑而退。諸葛亮派老將黃忠出迎張郃，還請另一老將嚴顏為輔將，不僅趙雲等哂笑，到了葭萌關，連守將孟達、霍峻見了，心中也笑孔明缺乏安排：「是這般緊要去處，如何只教兩個老的來！」及至陣前，張郃出馬見了黃忠，也笑曰：「你許大年紀，猶不識羞，尚能出戰耶！」等到輸了一陣，張郃才有所警惕：「老將黃忠甚是英雄，更有嚴顏相助，不可輕敵。」

卻說這黃忠只勝了一陣，接著卻一連敗了數日，直至退回關上，堅守不出。葭萌關原守將孟達見此情形，「暗暗發書，申報玄德，說：『黃忠連輸數陣，現今退在關上。』玄德慌問孔明，孔明曰：『此乃老將驕兵之計也。』趙雲等不信。」不僅趙雲等不信，連劉備此時也有點猶豫了，於是差義子劉封前去接應。結果，黃忠果如孔明所言，以驕兵之計敗了魏軍，為蜀軍北取漢中奠定了基礎。劉備對兩位老將厚加賞賜，並對黃忠說：「人言將軍老矣，唯軍師獨知將軍之能。今果立奇功。」

天蕩山一戰，諸葛亮對黃忠的使用是成功的，既有事實在，也有他家老闆劉備的評斷在。用之奏效，前提是「知」，即劉備所謂軍師「知將軍之能」。但這「知」又不是一般的，而是「唯……獨知」，也就是說，除他之外，再沒有別人「知」。常山趙子龍也算是有勇有謀的人中英傑，但他沒有這種「知」，反倒不是諫阻就是不信，要麼就是哂笑。羅貫中筆下用了許多人抑揚此事（其實「揚」的只有一個張郃，他也是吃了一陣敗仗後才有所警覺），繼而在具體戰術上料定黃忠「必有詭計」，最後才全面判定「黃忠有謀，非止勇也」，反襯得諸葛亮對黃忠之知，比眾人高出數籌。

諸葛亮為何對黃忠有如此深入的了解和精確的掌握呢？羅貫中語焉不詳。但推而廣之，看看他對別人的了解，甚至是對敵手的了解，不難概括。首先是盡可能多掌握資訊，這資訊有的是現成的評斷，比如某人剛愎、某人魯莽、某人仁義、某人多才；有的則是一些一般的故實傳聞，具體而瑣碎，比如某人在什麼地方做了什麼事，某人在什麼情境說了什麼話。其次是觀察，一是直接的，即直接觀察此人，既注重大節，也不捐細行；二是間接的，就是觀察所要了解的那個人，其身邊的人物、與他相關的人物。有了資訊，有了觀察所得，就要對此加以分析，去蕪存菁、去偽存真，得出基本判斷。這個判斷又不是一勞永逸的，還要以新的資訊、觀察、分析來補充、修正。在現實中，這些環節並不可能有孰先孰後的明確安排，而是隨機進行的。

現代企業的知人之明，與諸葛亮的一理相通。如果是要延聘主管，尤其是高層主管，在資訊發達、人才服務完備的今天，恐怕要先藉助人才服務機構來物色專業經理人，這些專業經理人的德才水準，一般都有相對完整的數據和一定的評斷。眼光向內，一個人力資源管理完善的企業，也應該有相當層級的主管人員掌握這方面的資訊。應徵的面試當然少不了觀察，但日常工作中的觀察則更為重要。諸葛亮的分析、判斷，在現代企業管理中是「評估」，雖然評估目的不盡相同，但都屬於「知」人的範疇，尤其是出於任用目的的評估。

知人不是目的，目的是使用。諸葛亮有知人之明，用人也就往往奏效。他用老將黃忠計奪天蕩山之後，還用這位老將為帥、以法正為監軍、以趙雲為配合，奪取了定軍山，徹底掃清平定漢中的道路。這次黃忠請戰，諸葛亮又用了不少言語刺激他，還告訴劉備:「此老將不著言語激他，雖去不能成功。」顯然，「知」為諸葛亮的「用」人之法，也為其所用之人，收效立功奠定了基礎。

知人要客觀，可以小見大，不可以偏概全；可一葉知秋，不可一葉障目。用人也要客觀，可大膽使用、用人不疑，但不能心存勉強、僥倖，否則就可能毫無成效，甚至釀成大禍。諸葛亮知人固然有如明鏡，用人卻有不少差失。對關羽和馬謖，諸葛亮可謂知之甚深，但在使用上卻未能堅持客觀原則。讓關羽守荊州，他知道不合適，但那是劉備的意思，他附和了；讓馬謖守街亭，他知道會出問題，可還是勉強派馬謖去，希望僥倖不出差池。結果，荊州丟了，街亭失了，蜀漢也漸漸完了……嗚呼，諸葛孔明一生行事多有知不可為而強為之者，可不痛哉，可不惜乎！

奇異公司前執行長傑克．威爾許多次被評為「全球第一執行長」。其成功之道之一，就是「以人為本」，把人視為企業的核心競爭力。

在 GE，威爾許非常重視「知人」，他認為只有「知」，才能「用」。威爾許對公司的經理們說:「我們的工作就是每天把全世界各地最優秀的人才延攬過來。如果只是隨便找幾個人來工作，你們應該感到恥辱，不管種族和性別，只挑好的人，才是領導者的職責所在。」

威爾許認為，企業的管理者要像一個村子裡的雜貨店一樣，努力嘗試了解每一位員工。為此，威爾許把他的大部分時間都花在人事上，竭力去認識、了解更多員工。一位作家發現，威爾許至少認識 1,000 多名部屬，而對 GE 的高階管理人員，他更有充分的了解 —— 對他們每個人的工作業績、管理能力、人生目標、人際關係，甚至他們的相貌、年紀、姓名……他都盡力做到瞭如指掌。有時為了增加了解部屬的機會，威爾許會和他們一起共進午餐。正是因威爾許對公司人員平素就有充分的了解，因而，當公司的某些工作職位出現空缺時，他已經選好合適的人選；也正因對員工有充分的了解，因而GE方能人才輩出。

在GE，每一個重要職位，從人力資源總監到地區總經理，從全球業務集團總經理到全球CEO，都必須實施「接班人計畫」。而這個「接班人計畫」的實施，首先也正是建立在「知人」的基礎上。用威爾許的話來說，就是「我們像老鷹一樣關注著這些傢伙。」

由於GE擁有了像威爾許這樣「知人」的領導者，因而它的每一位員工都是一部大機器的零件，在GE擁有自己最合適的位置，充分發揮個人的作用；它的接班人「接力棒」，因此也才能一棒接一棒、有力而穩妥地傳下去。

量才用人，方可才盡其用

世間之人，皆有可用；千古之下，唯人難用。兵如是、政如是、商亦如是。同樣的一個人，用好了，則蛟龍出水；用不好，則虎落平陽。個人如此、團隊如此、集團也是如此。所謂用好人，簡而言之，就是量才用人，用人所長。

三國之中，只要是一代梟雄，都有用人之能。劉備不說，孫權之用周瑜、魯肅、呂蒙、陸遜，個個屢建奇功；曹操、曹丕用人，也是奇功屢建。不過，用人最為傑出者，當然還是三國大小諸集團中的天下第一主管 —— 諸葛孔明。

話說鳳雛龐統被魯肅推薦，投了孫權，「孫權見其人濃眉掀鼻，黑面短髯，形容古怪，心中不喜」，未加重用。龐統打算另謀高就，魯肅又推薦了劉備，不料「玄德見統貌陋，心中亦不悅」，只給了一個七品小縣官。龐統赴任耒陽縣宰，「不理政事，終日飲酒為樂」，「事盡廢」。劉備聽了大怒，就派張飛和孫乾前去巡視。張飛領了言語，與孫乾來至耒陽縣。軍民官吏，皆出郭迎接，獨不見縣令。飛問曰：「縣令何在？」同僚復曰：「龐縣令自到任及今將百餘日，縣中之事，並不理問，每日飲酒，自旦及夜，只在醉鄉。今日宿酒未醒，猶臥不起。」張飛大怒，欲擒之。

孫乾曰：「龐士元乃高明之人，未可輕忽。且到縣問之。如果於理不當，治罪未晚。」飛乃入縣，正廳上坐定，教縣令來見。統衣冠不整，扶醉而出。飛怒曰：「吾兄以汝為人，令作縣宰，汝焉敢盡廢縣事！」統笑曰：「將軍以吾廢了縣中何事？」飛曰：「汝到任百餘日，終日在醉鄉，安得不廢政事？」統曰：「量百里小縣，些小公事，何難決斷！將軍少坐，待我發落。」隨即喚公吏，將百餘日所積公務，都取來剖斷。吏皆紛然齎抱案卷上廳，訴詞被告人等，環跪階下。統手中批判，口中發落，耳內聽詞，曲直分明，並無分毫差錯。民皆叩首拜伏。不到半日，將百餘日之事，盡斷畢了，投筆於地而對張飛曰：「所廢之事何在？曹操、孫權，吾視之若掌上觀文，量此小縣，何足介意！」飛大驚，下席謝曰：「先生大才，小子失敬。吾當於兄長處極力舉薦。」統乃將出魯肅薦書。飛曰：「先生初見吾兄，何不將出？」統曰：「若便將出，似乎專藉薦書來干謁矣。」飛顧謂孫乾曰：「非公則失一大賢也。」遂辭統回荊州見玄德，具說龐統之才。玄德大驚曰：「屈待大賢，吾之過也！」飛將魯肅薦書呈上。玄德拆視之。書略曰：

龐士元非百里之才，使處治中、別駕之任，始當展其驥足。如以貌取之，恐負所學，終為他人所用，實可惜也！

玄德看畢，正在嗟嘆，忽報孔明回。玄德接入，禮畢，孔明先問曰：「龐軍師近日無恙否？」玄德曰：「近治耒陽縣，好酒廢事。」孔明笑曰：「士元非百里之才，胸中之學，勝亮十倍。亮曾有薦書在士元處，曾達主公否？」玄德曰：「今日方得子敬書，卻未見先生之書。」孔明曰：「大賢若處小任，往往以酒糊塗，倦於視事。」玄德曰：「若非吾弟所言，險失大賢。」隨即令張飛往耒陽縣，敬請龐統到荊州。玄德下階請罪。統方將出孔明所薦之書。玄德看書中之意，言鳳雛到日，宜即重用。玄德喜曰：

「昔司馬德操言：『伏龍、鳳雛，兩人得一，可安天下。』今吾二人皆得，漢室可興矣。」遂拜龐統為副軍師中郎將，與孔明共贊方略，教練軍士，聽候征伐。

再說司馬懿為曹丕謀劃聯合五路兵馬伐蜀，諸葛亮帷幄之中已破四路，另一路東吳也已有謀斷，只是缺一「舌辯之士」。後主劉禪來問候裝病的諸葛丞相，諸葛亮說出自己的計畫，劉禪「面有喜色」而去，眾官卻「疑惑不定」，只有一人「仰天而笑，面亦有喜色」。此人姓鄧，名芝，字伯苗，諸葛亮留他交談，果然識見不凡，於是大笑曰：「吾思之久矣，奈未得其人。今日方得也！」並認為鄧芝能夠勝任到東吳說服其退兵的重任，而且「必能不辱君命。使乎之任，非公不可」。果然，有膽、有識、有才的鄧芝，說動了孫權與蜀漢聯合，「自此吳、蜀通好」。

量才用人，用人所長，知易行難。用人首先要識人，但有識人之明，卻未必就能量才使用。之所以如此，有客觀的原因，如資源缺乏，如沒有職位；也有主觀的原因。孫權、劉備之所以未能量才而用龐統，「不識」之外，最要命的是偏見 —— 以貌取人。劉備讓龐統當耒陽縣宰，實在是大材小用；魯肅說最起碼也要委任個「治中、別駕」；孔明說龐統「胸中之學，勝亮十倍」，雖未明說該任何職，但似乎也不言自明。劉備委任「非百里之才」者管理百里之地，那結果自然大大不妙。個中原理，還是孔明見得分曉，「大賢若處小任，往往以酒糊塗，倦於視事。」龐統在耒陽縣敬業精神是差了點，但那「業」，你如何讓他敬得、樂得？劉備本來是用人的大行家，在這一點上卻有點主觀唯心了，諸葛亮卻勝出一籌。及至龐統擔任「副軍師中郎將」，有了與才能吻合的職位，就為劉氏集團謀劃出一番取西蜀的大主意、大動作來。

鄧芝在蜀中擔任尚書，並未見有何功德。諸葛亮見他識得自己謀略，交談中又知其識見不凡、口齒便給，便委任他作特命全權大使，出使東吳，果然「其事必成」。諸葛亮深知鄧芝之才長在何處：一者有識，對當時天下大勢的看法與諸葛亮一般無二；二者有膽，見了滾開的大湯鍋面無懼色；三者有口才，能言善辯。出使東吳，促成吳蜀聯合，正是發揮鄧芝才能的好機會、好去處。

諸葛亮用魏延，也頗可思索。當初魏延與黃忠投降時，他對黃忠優禮有加，卻要人把魏延推出去斬了，原因是此人「腦後有反骨」。可後來有人舊事重提，他卻以魏延是一員驍將為理由，而大膽使用。結果，魏延倒也確如諸葛亮所言，驍勇善戰，立下了不少功勛；而且智計也非常人可比，還為軍師出了不少主意，孔明也採納了一些。諸葛亮如此用魏延，也算是用人所長了。俗話說：「尺有所短，寸有所長。」人亦如此，不應偏廢。只是這魏延還有個品格問題，需要控制使用。

用魏延，不以德而廢才；同樣，用人所長，也可以偏用其德，因為品德純正、謙遜謹慎、寬宏大度，當然也是人的長處。諸葛亮派趙雲跟隨劉備去東吳娶親，若說是重其才，即武藝，倒不如說是重其德。關、張兩人或意氣用事、或魯莽行事，顯然不能擔負如此重任，唯有品德純正的趙雲，能夠忠誠職守、不顧私情，能夠在遠離軍師、主公又沒了主意的艱難境地，圓滿完成這個深入龍潭虎穴的任務。由此看來，量才用人，所「量」除才幹之外，還應該包括品德、性格；用人所長，也應該把品德、性格納入「長」的範疇之中。古語云：「慈不掌兵，義不理財」，說的正是品德、性格與人才使用的關係；現代人力資源評價學說也十分注重人的德商、情商，可見古今一理，謹當記取。

諸葛亮是用人的大行家，有許多理念、方法值得我們探討、學習；但智多如孔明，用人方面也有失誤、有失當，正應驗了那句話：「千古難事在用人」。一個企業的管理者，如果解決好用人問題，成功也就多半在掌握之中。

1980 年，艾科卡（Lee Iacocca）接掌美國克萊斯勒公司（Chrysler Corporation）董事長。當時，克萊斯勒公司已瀕臨倒閉。可是不久，艾科卡讓公司起死回生，隨之又創造一個又一個奇蹟。艾科卡奇蹟的創造有賴於他出色的管理才能、豐富的實踐經驗，同時也與他善於用人、用人所長有密不可分的關係。

任何一個公司的財務管理都是非常重要的，對艾科卡剛剛接手的克萊斯勒公司來說，更是如此。剛一上任時，艾科卡面臨的是一個財務帳目混亂不清的爛攤子，他認為，這種混亂局面必須盡快扭轉，否則將會嚴重影響整個公司的經營運轉。為此，艾科卡聘請了享有「當家理財好手」美譽的史蒂夫．米勒（Steve Miller）。結果，米勒僅僅用了幾個月的時間，便把原本至少要一年時間才能理清的爛攤子理清了。

產品想占領市場，必須不斷地創新。克萊斯勒的斯珀利奇就是一個推陳出新的高手。他在汽車樣式上是個行家，什麼樣的顧客需要什麼樣式的汽車、汽車樣式在未來幾年的發展趨勢……等，他都頗有研究。而艾科卡也正是看中了斯珀利奇的這種善於創新的才能，才委以重任的。

艾科卡聘用人才時，不論年齡大小，只要具有某一方面的特長，就會「挖」來克萊斯勒的旗下。原福特公司副總經理、65 歲的保羅．伯格莫澤，本已賦閒家中，卻被艾科卡起用出山，擔任克萊斯勒公司的總經理。艾科卡「量取」的是他在經營管理上的豐富經驗。

被艾科卡重用的還有許多具有一技之長的人才，諸如「能與經紀人協調關係」的、「能在雞蛋裡挑骨頭」的……等。在克萊斯勒，他們不但充分發揮自己的特長，而且也為公司的發展貢獻了自己的才華。

疑人不用，用人不疑

「疑人不用，用人不疑」這句古訓，說起來容易，做起來卻很難。「用人不疑」難，怎麼就可以放心大膽讓某人去做這做那？「疑人不用」也難，說不定什麼時候就把所疑之人大用特用了！古今多少用人的問題，往往就出在這「疑」、「用」之間，政事、兵事、商事，都是如此。

諸葛亮是用人的高手，在「疑」、「用」之間也大多拿捏得十分精準，獲得十二分的成效。遺憾的是，才高如諸葛，也有對兩者拿捏得稀鬆之時，那情形就頗為不妙了。

話說黃忠、魏延當初投降之時，諸葛亮就不喜愛魏延，要推出去斬了，多虧劉備勸下。原因是魏延腦後有反骨，日後必反。然而，這魏延後來出了些力、建了些功，就算魏延為諸葛亮出謀劃策未被採納，孔明對他還是放手使用。兩次上表北伐，魏延都擔當重任，前一次是以鎮北將軍、領丞相司馬、涼州刺史、都亭侯官銜任前督部統帥之職，第二次是總督前部先鋒。後來魏延、陳式等有違軍令，孔明還是只殺了陳式，「不殺魏延，欲留之為後用」。待到六出祁山時，費禕送信給孫權，並回覆諸葛亮時，他們幾人有這段對話：權問曰：「丞相軍前，用誰當先破敵？」禕曰：「魏延為首。」權笑曰：「此人勇有餘，而心不正。若一朝無孔明，彼必為禍。孔明豈未知耶？」褘曰：「陛下之言極當！臣今歸去，即當以此言告孔明。」遂拜辭孫權，回到祁山，見了孔明，具言吳主起大兵三十萬，御駕親征，兵分三路而進。孔明又問曰：「吳主別有所言否？」費褘將論魏延之語告之。孔明嘆曰：「真聰明之主也！吾非不知此人。為惜其勇，故用之耳。」褘曰：「丞相早宜區處。」孔明曰：「吾自有法。」

又說劉備取西蜀、龐統落鳳坡身死後，與關、張共守荊州的諸葛亮接到劉備派關平送來的信，準備前去助戰，便留下關羽來守荊州。見關羽說出一個「死」字，便有心不想把印綬給他，「心中不悅，欲待不與，其言已出」。後來又談用兵方略，關羽也是錯得離譜。而當蜀、魏征戰之時，關羽派兵遣將又出現這幕：隨軍司馬王甫曰：「糜芳、傅士仁守二隘口，恐不竭力；必須再得一人以總督荊州。」雲長曰：「吾已差治中潘濬守之，有何慮焉？」甫曰：「潘濬平生多忌而好利，不可任用。可差軍前都督糧料官趙累代之。趙累為人忠誠廉直。若用此人，萬無一失。」雲長曰：「吾素知潘濬為人。今既差定，不必更改。趙累現掌糧料，亦是重事。汝勿多疑，只與我築烽火臺去。」王甫怏怏拜辭而行。

疑人不用，用人不疑，說的是用人的兩個階段。疑人不用，是說對其人的品德、才幹有所懷疑，那就不任用。這很乾脆，也從根源上杜絕了出問題的可能；負面作用是可能會因察人不明而無法讓傑出人才發揮才幹，或者喪失了這個人才。用人不疑，是說既然任用了，就不要再懷疑，而要充分授權，放手讓他盡顯其能，而不是左拘右限，讓他無法施展拳腳；負面作用是可能因失察，而用了一個可疑之人。

諸葛亮用魏延是個十分成功的例子。說起來，諸葛亮對魏延確實有疑，但他知道問題會在什麼時候出來，而只要不到那個時候，這疑可以不算數。因此，孔明對魏延任用不疑，不僅派要緊的任務，還給了很多頭銜。在整個劉氏集團開疆拓土的武將之中，關、張、趙之外，怕只有老將黃忠堪與比肩。分段來說，在劉氏集團的後期，關、張早已星隕，趙雲的星光也沒有閃多久，倒是這魏延，在諸葛軍師帳前貢獻了不少功勳。這一點，恐怕任誰都無法抹殺。如果少了魏延，還真不知諸葛軍師的將怎麼遣、仗怎麼打。諸葛亮用魏延，使頗有瑕疵者人盡其才，真可謂用人不疑的典範，值得今天商界的領導者們學習。因為我們周遭的人，對沒有魏延那種毛病——而且這毛病其實不小，是「不忠誠」——的人尚不能信而用之，對白壁有瑕者，那恐怕一定是棄而不用了。這一點，尤其值得家族企業的老闆們，在任用專業經理人時要深思之。要知道，用而被疑的感覺很不好；或許他本來沒什麼問題，被疑多了、疑久了、疑急了，會生出毛病來。

諸葛亮用人最失敗的是馬謖，關羽也算得上一個。這關二爺是劉氏集團中最驕傲的，驕傲這問題可不算小，諸葛亮當然知道。對託付關羽守荊州，諸葛亮原本就心存疑慮，談話間更是疑意突顯，但「心中不悅」、「欲待不與」了一回，還是把授印交了出去。本該疑人不用，卻用了，後果很慘。在這裡，諸葛亮不是沒有察人之明，他有，那麼問題出在哪裡？一是僥倖，要馬謖守街亭，他也心存僥倖；二是面子，劉備的意思，自己話已出口，不好收回。僥倖、面子不能要，這是諸葛大主管的事，他要負責；那老闆的意思也「意思」得不妥，也沒有掌握疑人不用、用人不疑的法則。試問劉老闆，您什麼時候變得比孔明還聰明了？為什麼要替他謀劃、做主？關羽問題更大，他明知潘濬有問題，還是委以重任，豈有不敗之理？

不過，還有一個問題，就是不要把用人不疑與對員工的督導、工作的追蹤對立起來。督導與追蹤是企業主管人員主要職責的一部分，也是其重要的工作方法。尤其對基層主管人員來說，這兩者更為必要。沒有追蹤，就無法對工作的流程有清楚的了解和準確的掌握；沒有督導，就無法給員工督促和指導。而有了追蹤和督導，不僅可使工作順利進行，並在發現問題的時候，即時處理，還能在工作中培養、提高員工的修養和才幹。追蹤和督導是正常的工作流程，不是懷疑、不是干涉，因此也就不是用人不疑的對立面，也與疑人不用無關。

索尼公司創始人盛田昭夫認為，對任何一個企業來說，人是最重要的。有時，企業的員工甚至比股東更為重要。他說：「股東為了賺錢常有變化，而經營者與員工的關係，卻徹底不變。只要員工工作一天，就要為個人及公司最大的理想盡心盡力。所以，員工才是企業最需要、最重要的。」正是在這種以員工為本的經營理念指導下，盛田非常重視人才。他選賢任能，一旦認定某人才是索尼所需要的，便千方百計地挖掘到索尼旗下，然後將之安排到合適的工作職位上，這是企業用人之道的「前期階段」。在這一點上，其他成功的企業家也能做到，但盛田主要贏在用人的「後期階段」上。他難能可貴之處在於，只要把人才安排到合適的工作職位後，便放心大膽地讓他們自己去闖、去做，充分尊重他們，信任他們。

盛田在人才選拔上有一個標準 —— 重才能而不重學歷。他認為，一個人學歷再高，如果沒有真才實學，也是沒有用的。對索尼來說，這樣的人，還不如一個沒有學歷卻有一技之長的人，因而文憑對索尼來說，並不是一塊多麼靈光的敲門磚。在用人上，盛田也堅決執行這個原則。那些真正有才能的人，一旦被索尼選用，盛田便為他們迅速搭建起施展才華的舞臺，從不因沒有學歷就對他們能否勝任工作而有所懷疑、有所保留。這樣，那些有才能的人，在索尼如魚得水，充分而有效地發揮他們的個人才華，從而也為索尼創造價值。

盛田的用人不疑、疑人不用，也展現在他對待人才犯錯的看法上。他認為，一個人一生難免犯錯，他從不因為某人的錯誤而懷疑其才能。在索尼公司裡，如果有誰在工作中犯了錯，盛田便立即組織相關人員，共同查詢錯誤的根源，讓本人總結經驗教訓，同時也可以讓其他人警醒。結果往往是錯誤得以糾正，人才也照樣使用。盛田說：「在我的一生事業中，極少遇到因犯錯而讓我想將他開除的人。」

盛田就是這樣，給人才充分的信任，從而使其能夠在索尼的舞臺上大顯身手。

管理不可不知、不用人性

人家常說「性格決定命運」，可見性格對一個人生活、工作、事業的左右力量是多麼深遠。注意到這點，就可以洞察人性、巧用人性，讓它更能發揮正面的積極作用。歷史上那些成就一番事業的人，在這方面都有相當的建樹，現代管理學也把它納入自己的研究領域之中。

諸葛亮無論如何，也該算個「人精」，他對人了解很透澈，所以對部屬很得心應手，對敵手也多能掌控於股掌之中。他的許多智謀，是根據人的性格而設計的，他的許多勝利，是根據對人性的掌握與運用而成功的。

話說赤壁之戰中，劉備乘亂占了油江口，意圖直指南郡。周瑜於心不甘，便和魯肅去搶占。諸葛亮定計，要劉備和周瑜定下「誰先攻下，誰就可占有」的約定。結果是周瑜等東吳兵馬費了不少力氣，卻被劉備先占南郡，後又占了荊州、襄陽。周瑜派魯肅去要，劉備說荊州本來是劉家的，父親劉表死了，還有兒子劉琦，等劉琦死了就還。不久，劉琦也病逝了，魯肅又來索地。見了面，劉備還未開口，諸葛亮就變了臉色，指責魯肅「好不通理，直須待人開口」，然後說出天下都是劉家的、劉備是皇叔，自然有分、你東吳占的也是漢家土地這樣一番大道理來。一席話，說得魯子敬緘口無言，半晌乃曰：「孔明之言，怕不有理；爭奈魯肅身上甚是不便。」孔明曰：「有何不便處？」肅曰：「昔日皇叔當陽受難時，是肅引孔明渡江，見我主公；後來周公瑾要興兵取荊州，又是肅擋住；至說待公子去世還荊州，又是肅擔承。今卻不應前言，教魯肅如何回覆？我主與周公瑾必然見罪。肅死不恨，只恐惹惱東吳，興動干戈，皇叔亦不能安坐荊州，空為天下恥笑耳。」孔明曰：「曹操統百萬之眾，動以天子為名，吾亦不以為意，豈懼周郎一小兒乎！若恐先生面上不好看，我勸主人立紙文書，暫借荊州為本；待我主別圖得城池之時，便交付還東吳。此論如何？」肅曰：「孔明待奪得何處，還我荊州？」孔明曰：「中原急未可圖，西川劉璋闇弱，我主將圖之。若圖得西川，那時便還。」肅無奈，只得聽從。玄德親筆寫成文書一紙，押了字。保人諸葛孔明也押了字。孔明曰：「亮是皇叔這裡人，難道自家作保？煩子敬先生也押個字，回見吳侯也好看。」肅曰：「某知皇叔乃仁義之人，必不相負。」遂押了字，收了文書。宴罷辭回。玄德與孔明，送到船邊。孔明囑曰：「子敬回見吳侯，善言伸意，休生妄想。若不准我文書，我翻了面皮，連八十一州都奪了。今只要兩家和氣，休教曹賊笑話。」

肅作別下船而回，先到柴桑郡見周瑜。瑜問曰：「子敬討荊州如何？」肅曰：「有文書在此。」呈與周瑜。瑜頓足曰：「子敬中諸葛之謀也！名為借地，實是混賴。他說取了西川便還，知他幾時取西川？假如十年不得西川，十年不還？這等文書，如何中用，你卻與他做保！他若不還時，必須連累足下，主公見罪奈何？」肅聞言，呆了半晌，曰：「恐玄德不負我。」瑜曰：「子敬乃誠實人也。劉備梟雄之輩，諸葛亮奸猾之徒，恐不似先生心地。」

經營管理中巧用人性，不外兩個方面，一是利用內部成員的性格優點，讓他們最大限度地發揮所長，創造佳績；二是利用外部對手的性格弱點，擊敗對手，獲取佳績。當然，許多性格是人皆共有的，也無所謂優劣，而這也是可以利用的，商家在促銷中，就多有利用這種人性而獲得成功的。

諸葛亮經營、管理劉氏集團，在上述兩個方面都有十分成功的戰例。先說對內，關、張、趙以及黃忠、魏延、王平等人，諸葛亮都利用他們性格上的特點（有時也包括品德），達成很好的作用。尤其是對張飛、黃忠使用激將之法，充分激發他們的潛能，數次取得超常發揮的優異戰績。

馬超攻打葭萌關，張飛大叫出戰，而諸葛亮卻「佯作不聞」，對劉備說：「今馬超侵犯關隘，無人可敵；除非往荊州取關雲長來，方可與敵。」張飛哪能受得了這等小看！著急說道：「何故小覷吾！吾曾獨拒曹操百萬之兵，豈愁馬超一匹夫乎？」諸葛亮進一步火上澆油：「翼德拒水斷橋，此因曹操不知虛實耳；若知虛實，將軍豈得無事？今馬超之勇，天下皆知，渭橋大戰，殺得曹操割鬚棄袍，幾乎喪命，非等閒之比。雲長且未必可勝。」急得張飛說：「我只今便去，如勝不得馬超，甘當軍令！」在這裡，張飛越急，孔明越緩；張飛越自恃武勇，孔明越表示他不堪此任。就這樣，諸葛亮把張飛的求戰心情激到最大限度，充分激勵張飛的戰鬥勇氣，強烈的榮譽感和英雄主義精神，驅使張飛捨命拚殺。這才引來葭萌關前張飛和馬超那場無日無夜的惡戰，以及最終的勝利。

再說對外。諸葛亮利用競爭對手性格特點致勝的，有三個人最為突出，那就是曹魏的司馬懿和東吳的周瑜與魯肅。其中，周瑜被他的三氣之計氣死了，司馬懿被他的空城之計嚇跑了，因為周瑜心小，因為司馬懿多疑。最可思索的是魯肅，他的性格特點受制於孔明，客觀上幫了劉氏集團不少忙，虧得他和周瑜交情不淺，虧得他深得吳主孫權的信任，如果換成別人，也許就會定他個「裡通外國」的罪。

其實，魯肅是個好人。周瑜就說他是個「誠實人」，《三國演義》的作者羅貫中也說他是「寬仁長者」。周瑜、羅貫中看到魯肅的這些性格或特點，精明的諸葛亮當然心裡清楚。因為「誠實」、因為「寬仁」，所以魯肅臉皮薄、愛面子，不會強詞奪理、不會強人所難，更不會哭天搶地，看不了別人蠻橫無理，受不了別人眼淚鼻涕、悽然可憐。就這樣，每次他來索要荊州等地，劉備、孔明不是強詞奪理，就是連諷帶嘲，要麼耍橫勁，要麼裝可憐……總之招招都攻擊魯肅的短處，弄得此人不是無言以對，就是答應了人家的條件，要不然就是羞愧地趕快走人。不僅劉備、孔明如此，就連關羽，也對魯肅一番連罵帶嚇，把荊州牢牢抓在自己手裡。還是周瑜說得好，魯肅是誠實人，「劉備梟雄之輩，諸葛亮奸滑之徒」，老實人哪裡是「梟雄之輩」和「奸滑之徒」的對手。

無論對內還是對外，諸葛亮對人性的掌握和利用，都可以算得上「到位」。如果我們承認兵戰、商戰一理相通，就應該借鑑他，讓人性不僅發出光輝，也放出效益來。

享譽世界的「飛機大王」霍華德．休斯（Howard Hughes）把畢生的精力都投入到他所從事的飛機事業中。他不僅在個人飛行史上創造過世界紀錄，而且他的休斯飛機公司（Hughes Aircraft）還設計、研製出一系列著名的飛機，諸如「帶翅的子彈」——H1 型競速飛機（Hughes H-1）、「美麗之鵝」——KH1 型水上飛機。可以說，它們是休斯才華與智慧的結晶，而休斯的智慧也展現在他用人的獨具慧眼上。

休斯飛機公司有兩名優秀設計師——帕瑪和歐提卡克，他們都是被休斯挖掘而來的人才。按照常理推斷，這兩個人能被休斯所聘請，肯定是因為他們在飛機設計上具有一定的才華。其實，帕瑪和歐提卡克本來都不是做飛機設計的，休斯所看重的，是他們性格上的特點。

歐提卡克原本是一位機械工程師，是休斯在拍攝電影時結識的演員。在拍攝電影的過程中，兩人多有接觸。歐提卡克的性格，讓休斯留下很深的印象。歐提卡克是一位膽大、果斷又富有想像力的人，任何事情他都勇於嘗試、冒險，在處理問題時，常常會迸發一些奇思妙想的靈感火花。休斯從事飛機設計時，首先便想到了歐提卡克。休斯認為，雖然歐提卡克不是做飛機設計的，但是他的個性很適合，因為飛機設計要不斷創新，在製造新型飛機時，必須有大膽的構想，而且還要有新穎的創意。休斯一拿定主意，便立即將歐提卡克聘用到公司裡，任命他為主任設計師。帕瑪原本是工廠的雇員，休斯是在與那家工廠的業務往來中結識他的。帕瑪是一個沉靜、穩重的人，他辦事穩重，每做一件事情之前，一定經過深思熟慮，才付諸行動。休斯認為，帕瑪與歐提卡克在性格上正好互補：一個雷厲風行，一個老成持重，兩人合作定可成就大業。於是，休斯也把帕瑪聘到公司裡來。

事實證明，休斯在人才選用上的這番匠心，是一個成功的用人策略。在休斯飛機公司裡，歐提卡克勇於創新、變革，不斷地提出大膽新穎的設計構思，而帕瑪又總是對他的設計方案深思熟慮，然後確定其可行性。就這樣，他們不斷地設計、改進著一個又一個機種。

休斯有了這兩個性格互補的幹將，事業蒸蒸日上，效益連連翻番，獲得了巨大的成功。

柯克是一家醫藥公司的銷售經理，他旗下有一組由 150 名銷售員組成的銷售團隊。每個月，柯克都要將這 150 名銷售員的銷售業績進行排序，時間一久，柯克就發現，一個名叫邁克的小夥子每次都能進入前十名。柯克對這個小夥子很感興趣，於是有意挖掘他的潛能，希望他能做得更好。

然而一開始，柯克並不了解邁克的個性，他得知邁克曾經當過 8 年的職業橄欖球員，而且踢的是右後衛，就想當然地認為他是個爭強好勝的人。於是，柯克試圖用其他銷售員的業績刺激他，但令柯克不解的是，不論他如何誇獎別人做得多好、銷售額多高，邁克都無動於衷，而且在接下來的幾個月裡，邁克仍然我行我素，從不與別人競爭。這可急壞了柯克，為什麼這樣刺激邁克，他都能坦然處之、毫無動靜呢？

透過長期的接觸與交流，柯克才發現，雖然邁克出身球員，但他天性不愛與人競爭，他唯一的想法就是如何超越自己、打敗自己。了解邁克的個性後，柯克才恍然大悟，於是他改變了策略，不再將邁克與其他人相比，而是問邁克這個月有什麼打算。

這一問，問到了邁克的心坎上。他的心中早已有了下一階段的計畫，於是滔滔不絕地將自己的打算和盤托出，柯克聽著聽著，不禁暗暗佩服。這個世界上不與人爭鋒的人本來就少，而能堅持戰勝自我的人就更少了。柯克認定，邁克將來一定能夠大有作為，於是每個月，柯克都會與邁克交流、深談，刺激他把目標定得更大、更遠，每個月都要比上一個月做得好。在柯克不遺餘力的幫助下，邁克把夢想一一變成了現實。

此後六年，邁克連年被評為公司的頭號銷售員。他的成功不僅是自身努力的結果，也是上司洞察人性、知人善用的結果。

招徠人才，豈捨獵頭之法

獵頭是現代商戰中招徠高階人才的重要手法，在西方發達國家廣為所用。不過，獵頭所獵之頭，大多以在職的人才為對象，其行為雖不是指向該人任職的企業，但其結果卻也無異於「挖牆腳」。這種獵頭方式，似乎與我們忠正純厚的傳統沒那麼契合，因此也就有不少仁厚的企業家，不主張運用此法。

誰知道其實早在一千八百年前，仁義如劉備、仁厚如孔明，他們在那場與生存和發展攸關的征戰中，已然大肆獵頭，而且一獵再獵，恨不能天下奇才盡入蜀中。獵頭的時候，無論弄虛作假，甚至敲詐勒索、落井下石，簡直無所不用其極，一切都以招徠為重。在這當中，諸葛軍師當然也是奇謀妙計迭出，獵頭奇功屢建。

話說西涼的馬超投了漢中的張魯，恰有益州劉璋送信求援，馬超便請戰前去攻取葭萌關，生擒劉備。劉備派張飛迎敵，陣前見馬超果然人才出眾，心下便有些喜愛。第二天，諸葛亮從綿竹來到陣前。原來，他怕馬超、張飛兩虎相鬥、必有一傷，故特地趕來出謀劃策。此時劉備對馬超已經是「甚愛之」，於是諸葛亮便用計讓馬超投降。先用了離間計，要孫乾帶金銀財寶去賄賂張魯的謀士楊松，然後以封漢寧王之職，說服張魯，調馬超撤兵。馬超認為「未成功，不可退兵」，楊松便一面慫恿張魯為難馬超，一面散布馬超必反的謠言。等到馬超要罷兵回來，楊松等又派人堅守隘口，不放馬超軍隊進去。在馬超「進退不得，無計可施」的時候，諸葛亮又派李恢前去勸降。馬超無奈，又加上「劉皇叔禮賢下士」，甚至他可以「上報父仇，下立功名」，於是便倒戈降劉。及至想見，劉備「待以上賓之禮」，這馬超便聲稱「今遇明主，如撥雲霧而見青天」；又見趙雲轉眼間斬了劉璋手下的兩員大將，便也要為新老闆立功：「不須主公軍馬廝殺，超自喚出劉璋來降。如不肯降，超自與弟馬岱取成都，雙手奉獻。」

卻說諸葛亮一出祁山，老將趙雲力斬五將，蜀軍勢如破竹。不料身居魏營中郎將的姜維識破孔明計謀，挫了趙雲的銳氣，於是諸葛亮親率大軍前往。到得敵前，諸葛亮見敵城守軍「旗幟整齊，未敢輕攻」，不料半夜又遭姜維襲擊，幸有關興、張苞二將保護，才殺出重圍。諸葛亮收兵歸寨，思之良久，乃喚安定人問曰：「姜維之母，現在何處？」答曰：「維母今居冀縣。」孔明喚魏延分付曰：「汝可引一軍，虛張聲勢，詐取冀縣。若姜維到，可放入城。」又問：「此地何處緊要？」安定人曰：「天水錢糧，皆在上邽；若打破上邽，則糧道自絕矣。」孔明大喜，教趙雲引一軍去攻上邽。孔明離城三十里下寨。早有人報入天水郡，說蜀兵分為三路：一軍守此郡，一軍取上邽，一軍取冀城。姜維聞之，哀告馬遵曰：「維母現在冀城，恐母有失。維乞一軍往救此城，兼保老母。」馬遵從之，遂令姜維引三千軍去保冀城；梁虔引三千軍去保上邽。

卻說姜維引兵至冀城，前面一彪軍擺開，為首蜀將，乃是魏延。二將交鋒數合，延詐敗奔走。維入城閉門，率兵守護，拜見老母，並不出戰。趙雲亦放過梁虔入上邽城去了。這一番安排之後，諸葛亮大肆耍起計謀，又是讓人傳言姜維已經投降；又是讓人假扮姜維攻敵城；又是引誘姜維出城搶糧；又是堵截姜維去投天水與上邽，結果到城門而不得入，逼得姜維「不能分說，仰天長嘆，兩眼淚流」。最後，諸葛亮與關興堵住姜維，孔明喚姜維日：「伯約此時何尚不降？」維尋思良久，前有孔明，後有關興，又無去路，只得下馬投降。孔明慌忙下車而迎，執維手日：「吾自出茅廬以來，遍求賢者，欲傳授平生之學，恨未得其人。今遇伯約，吾願足矣。」維大喜拜謝。

劉備身為漢室後裔，也在某種程度上繼承了先祖的品性，那就是愛惜人才和放手使用人才。想當年，漢高祖劉邦跟西楚霸王項羽相比，差不多也像三國前期的劉備，實力弱很多。但他延攬了張良、韓信等將帥之才，最終得以打敗項羽等群雄，一統天下。劉備愛才，三顧茅廬是明證，其後屢屢費盡心力招徠人才也是不爭的事實。身為劉氏集團的高層主管，諸葛亮與劉備愛才、惜才之意相通，致力於招徠、延攬、發掘、拔擢人才。劉氏集團向稱「仁義」之師，以「仁義著於天下」，但在招攬人才這一點上，卻使盡了計謀、用盡了辦法，有的計謀與辦法不太「仁義」，與現代商戰中的「獵頭」相似，甚至可以說有過之而無不及。就此而言，諸葛亮也許算得上是「獵頭」這個行業的祖師爺了。

現代企業人力資源爭奪中的獵頭，主要是指獵取、招徠高階人才。獵頭，所獵的是「頭」，即高階人才，其中包括管理人才、研發人才、經營人才，可以說涉及企業的所有高層職位；所用的方法是「獵」，則說明「頭」的招徠並非輕而易舉，要花一番心思、下一番功夫。在勞動力供過於求的今天，企業招募一般人才並不困難，但相對於整體供過於求的人力資源現狀，高階人才卻總是供不應求，呈現出資源缺乏的狀況。因此，對出類拔萃的高階人才來說，市場既然提供不了，剩下的就只能是與別的企業競爭了。

而招募和獵頭的差別正在於此。對招募來說，一紙廣告就可以引來大批應徵者；對獵頭來說，則先要根據擬任的職位物色合適的人選，然後多方蒐集數據、比較評估，對候選人進行排序；接著是設法接觸候選人，摸清對方被獵的可能性；其後才是耐心、仔細的說服工作。如果無法成功招攬，則再聯繫別的備選者。

由於獵頭是一項耗費時間且高度專業的工作，一般企業的人力資源部門未必能夠勝任，再加上出於商業道德、職業道德的考量，許多企業往往希望隱祕行事，因此他們大多委託專門機構來辦理，這種機構就是備受青睞的獵頭公司。

諸葛亮用計招徠人才，大得現今獵頭的精髓。首先，他十分了解被獵之人，這些人也大多是極其難得的人才，從黃忠到馬超、從張松到姜維，無不如此。對於這些高階人才而言，並非當下正好有一個合適的職位空缺，但卻個個都是劉氏這個大集團所需要的。比如姜維，諸葛亮認為他是自己遍求賢者而不得的人物，即使當時還有自己在，並不急需，但自己故去之後，難免後繼無人，姜維正好成為儲備幹部，加以培養、鍾鍊，以期能夠獨當一面。而後來的事實也證明了，姜維沒有辜負諸葛亮的期望。

其次，諸葛亮對獵取這些人才極盡謀劃之能事，甚至不惜使用奸詐、狠辣的手段，不達目的不肯罷手。當然，諸葛亮也總是用「棄暗投明」、「匡扶漢室」、「共滅曹賊」一類的使命感來說服被獵之頭，這樣，他的那些獵頭巧計就成了「欺人以方」而非「欺人以道」，在道義的大旗下，他的那些計謀，就算是奸計，也就不足訾議了！

葛斯納是 IBM 公司永恆的傳奇。在他掌舵 IBM 的時間裡，IBM 公司持續營利，股價上漲了 10 倍，成為全球最賺錢的公司。然而，這位傳奇人物的入行卻一波三折。

1992 年 12 月 14 日晚上 10 點，身為 RJR 納貝斯克公司（Nabisco）CEO 的葛斯納，剛從一個慈善晚宴回來，就接到一通電話，吉姆．伯克要見他。這個吉姆．伯克，正是後來 IBM 公司搜獵委員會的負責人。在這個晚上的會面中，伯克首次邀請葛斯納，說 IBM 有一個高階職位即將空缺，希望葛斯納來就職。

1993 年 1 月 26 日，IBM 的董事長兼 CEO 宣布退休，伯克再次向葛斯納提及此事。然而，葛斯納想都不想就拒絕了，理由是，「我不合格，而且我也不感興趣」。按常理的確是這樣，葛斯納當時做的是食品行業，與資訊科技一點關係也沒有，怎麼敢就這樣往前衝呢？更何況此時的 IBM 公司已陷入嚴峻的頹勢，今非昔比，此時接手，困難可想而知。

IBM 公司的搜獵委員會在全美展開了一場相當公開的 CEO 搜獵行動。諸如 GE 公司的傑克．威爾許、摩托羅拉公司（Motorola, Inc.）的喬治．費雪（George Fisher），以及微軟公司的比爾蓋茲等，都在他們搜獵的名單中。然而，伯克始終看好葛斯納，儘管已兩次被拒，伯克還是於 2 月的某一天，再度邀葛斯納進行面談，結果仍然無功而返。

事情的轉機出現在 2 月底的一個週末，葛斯納改變了他的想法，想接受這個邀請。伯克很快做出了回應，並將公司的財政和預算數據帶給葛斯納，給予他充分的信任。看過數據的葛斯納不禁害怕起來，根據這些數據，IBM 獲救的機率不超過 20%，葛斯納再度打消了接手的念頭。

一絲希望就這麼熄滅了。但倔強的伯克仍不死心，他第五次找到葛斯納，並對他發表了一番十分新穎的招募演講：「為了美國，你應該承擔這份責任。」伯克甚至幽默地說要請柯林頓總統（Bill Clinton）打電話給葛斯納，請他務必要接下這個任務。也許是被伯克的執著打動，也許是愛國的精神感染了他，也或許是想挑戰世界級的難題……總之那一次，葛斯納答應了伯克的邀請，勇敢地接手了 IBM。

伯克的眼光是獨到的，葛斯納的決定是正確的，而 IBM 的成功，正是最好的證明。

塑造企業文化，打造軟實力

美國的經濟、軍事實力毫無疑問是一流的，但現在的世界中，似乎有些問題，光靠這些硬邦邦的實力，並無法迎刃而解。反思之餘，有人提出了「軟實力」的概念（小約瑟夫．奈伊，Joseph Samuel Nye）。其實，企業界早就注意到這個問題，近幾年來，人們越來越重視企業文化的建設，優秀者因之而長足發展，低劣者因之而裹足不前。

諸葛亮一介文士，與關羽手中的青龍偃月刀、張飛手中的丈八點鋼矛、趙雲手中的銀鑯槍比起來，一點也不「硬」；他的實力在「軟」的方面，那就是智謀韜略，在他眼裡，這勝過百萬雄兵。因此，他十分重視劉氏集團的企業文化建設，為其打造強大的軟實力。

卻說劉備聽從龐統之議，發兵往取西蜀，留諸葛亮、關羽等鎮守荊州。劉軍進展順利，逼近雒城。此時，孔明派馬良送信來，信上說近來有「將帥身上多凶少吉」的預兆，叮囑「切宜謹慎」。劉備看了，便想趕回荊州「去論此事」。這時，龐統暗思，「孔明怕我取了西川，成了功，故意將此書相阻耳。」於是勸劉備：「先斬蜀將泠苞，已應凶兆矣，主公不可疑心，可急進兵。」臨到要安排任務時，劉備想走小路取雒城西門，讓龐統取山北大路進東門，龐統堅持自己走小路，並對劉備相信孔明的信，不以為然：「主公被孔明所惑矣；彼不欲令統獨成大功，故作此言以疑主公之心。心疑則致夢，何凶之有？統肝腦塗地，方稱本心。主公再勿多言，來早準行。」結果，「可憐龐統竟死於亂箭之下」。

龐統既死，劉備進退兩難，諸葛亮兵分兩路前去馳援。一路由張飛率領，行前諸葛亮叮囑他「於路戒約三軍，勿得擄掠百姓，以失民心。所到之處，並宜存恤，勿得恣逞鞭撻士卒。」張飛依言，生擒了敵將嚴顏，進了巴郡城。張飛叫休殺百姓，出榜安民。群刀手把嚴顏推至。飛坐於廳上，嚴顏不肯下跪。飛怒目咬牙大叱曰：「大將到此，何為不降，而敢拒敵？」嚴顏全無懼色，回叱飛曰：「汝等無義，侵我州郡！但有斷頭將軍，無降將軍！」飛大怒，喝左右斬來。嚴顏喝曰：「賊匹夫！砍頭便砍，何怒也？」張飛見嚴顏聲音雄壯，面不改色，乃回嗔作喜，下階喝退左右，親解其縛，取衣衣之，扶在正中高坐，低頭便曰：「適來言語冒瀆，幸勿見責。吾素知老將軍乃豪傑之士也。」嚴顏感其恩義，乃降。

企業文化有廣義和狹義之分，廣義的企業文化包括精神與制度兩個層面，狹義的則僅止於前者。無論廣義或狹義，公司文化的核心都是價值體系，即企業最看重的是什麼。其具體表現，可以是公司的哲學、信條或政策，也可以是口號或箴言。除價值體系之外，企業的理念、歷史、習俗、經驗、慣例等，都是企業文化的組成部分。企業文化可以透過組織產生強而有力的影響，它可以指導人的行為、左右公司道德，並創造某一公司的特徵，即造就出所謂的「軟實力」。

平生自比管樂、自詡有經天緯地之才的諸葛亮，看重硬實力，更看中軟實力。輔佐劉備期間，他盡力建設劉氏集團的企業文化，使其成為曹、孫、劉三家中企業文化最具特色、也最為成功的一家。諸葛亮的企業文化建設，最重視價值體系，而在這個價值體系中，首要的是仁義，此外還有忠誠、謙遜、謹慎等。在舌戰東吳群儒時，他極力抬高主公劉備，一說「此真大仁大義也」，又說「此亦大仁大義也」，這宣告、這宣示，擲地有聲，猶如榜書高懸。

諸葛亮重視並盡力進行企業文化建設，有兩個突出的例子，一個是龐統，一個是張飛。龐統號稱與孔明為同一重量級的智慧型人物，諸葛亮不好教導他，但也正因此人未能融入諸葛亮塑造的劉氏集團企業文化之中，才如流星般在《三國演義》第一百二十回一閃而過。先不說仁義，他因不謙遜而不謹慎，再因不謹慎而大意落鳳坡，一命嗚呼。細究他猜忌競爭、巧言昧主，其實也算是不仁不義、不忠不貞。由此看來，他與劉氏集團的企業文化格格不入，所以很快離開這個圈子。張飛則在一定時期內掌握了這種企業文化的風格，並發揮作用。進駐巴郡城，他不僅安民恤下，還義釋嚴顏，為劉氏集團得一幹將，被傳為千古佳話。

對現代企業的主管人員來說，所面臨的企業文化建設工作，主要彰顯在三個面向，即理解、塑造和改變。理解意味著認可某一特定企業的價值、理念、規則等，了解它的象徵、儀式，清楚前二者是如何影響和反映人們在工作中的日常決定和行為。身為主管，不僅要自己理解，還有責任讓屬下理解。塑造也就是建設，成功的企業管理者十分注重企業文化的塑造，公司領袖尤其如此，但中層主管也同樣背負這種義務和任務。主管人員每次做出決定、安排計畫、獎勵處罰的表現，都是企業文化被塑造出來的過程和機緣。公司文化的改造也可以稱為變革，這並不是經常發生的。一來，企業文化應該盡可能穩定；二來，企業文化的變革很不容易，但是，當變革勢在必行時，就要大膽進行。在企業文化的改造中，主管人員應該承擔訓導、以身作則等方面的責任。此外，主管人員還可以塑造自己所領導團隊的作風，而這也是企業文化的有機組成部分。

聯想（Lenovo），這個資訊產業領域多元化發展的大型企業，在充滿風險的高科技領域下，一路走來，不斷開拓、創新，它的成長與發展史，可以說同時就是其企業文化建設的成長與發展史，聯想的領導者就是在文化建設的目標導向下，開始建設聯想文化的。

讓願景催生希望、凝聚人心

「願景」，這又是一個很新鮮的詞彙——這個詞彙源自英文「vision」，也曾有許多人誤寫為「遠景」。我們不會知道廣見多聞的諸葛孔明先生是不是了解「vision」這個英文單字，只知道他也曾經做過跟「願景」兩字有相當程度關係的事。

劉氏集團從草創到三分天下有其一，從三、五人到數千人，再到數十萬人，願景的支撐和指引作用功不可沒。劉氏集團之所以能夠表現出遠勝於曹魏和孫吳的人才凝聚力和顧客忠誠度，其成因，一是劉皇叔的「品牌效應」，另一個就是由諸葛孔明一手操持的願景效應。

話說劉備三顧茅廬，諸葛孔明在隆中對策，先分析局勢，然後予以謀劃，其中描繪了一幅美麗的圖景：「先取荊州為家，後即取西川建基業，以成鼎足之勢，然後可圖中原」，「百姓有不簞食壺漿以迎將軍者乎？誠如是，則大業可成，漢室可興矣。」

這之後，劉備一群人遵遁著諸葛亮的既定計畫，「先取荊州後取西川」，到益州時，劉備「自領益州牧」；拿下漢中後，劉備進位漢中王；聽說曹丕篡漢建魏，劉備便繼皇帝位，續了炎漢的大統。

劉備白帝城託孤之時，對諸葛亮說：「朕本待與卿等同滅曹賊，共扶漢室」,「君才勝曹丕十倍,必能安邦定國,終定大事。」因此沒過幾年,諸葛亮就上表要北伐中原,目標是「北定中原,……攘除奸凶,興復漢室,還於舊都。」

又說這諸葛亮在東吳舌戰群儒,最先一個跳起來的是「孫權手下第一個謀士」張昭,他說劉備「今得先生,人皆仰望。雖三尺蒙童,亦謂彪虎生翼,將見漢室復興,曹氏即滅矣。」張昭說的是反話,接著一轉就說到了劉備「如魚得水」後「棄新野,走樊城,敗當陽,奔夏口,無容身地」,諸葛亮以「蓋國家大計,社稷安危,蓋有主謀」回敬,拿大棒子架開對方的小毛撢。及至與孫權對談,諸葛亮說:「今將軍誠能與豫州協力同心,破曹軍必矣。操軍破,必北還,則荊、吳之勢強,而鼎足之形成矣。」

諸葛亮是謀略大師,是談判大師,也是布道大師。說是布道大師,倒不在於他信什麼教,而在於他用傳教士的布道方法不時地灌輸人們一些觀念、描繪一些遠景。這觀念,主要是說劉皇叔是漢室之後,代表正義,立志興復漢室,有志者應該跟著他一起往前衝;而這遠景,就是三足鼎立,漢室復興。

單說這遠景。在隆中對策之時,諸葛亮先為劉備描述了一番遠景,說得劉備「茅塞頓開」,「如拔雲霧而睹青天」。其實,當時的劉備也只是見識有限而已,雖說秉持興復漢室的心,但他何曾夢想過三國鼎立、而自己就是三足之一?諸葛亮的這一番遠景描繪,彷彿在劉備面前點亮一盞燈,使他心中充滿希望;雖然這盞燈相距遙遠,但十分明亮,使人不禁心嚮往之。就這樣,劉備和那一幫兄弟,被孔明先生給「蠱惑」了,再也不肯回頭。不僅他們,所有劉氏集團的成員也多是如此。這種情形,古語叫「上下同欲」,對那些與劉氏集團戰陣交鋒的武將,或折衝樽俎的文官,諸葛亮也每每能用這幅美好誘人的遠景「糊弄」他們，讓他們投到自己的陣營中來，就是面對強大的競爭對手孫吳，諸葛亮也是用這幅遠景去打動他們、達成聯盟的。

在現代企業組織中，人們更願意用「願景」一詞代替遠景。專家指出，企業願景是所有企業成員內心所持有的強烈意向以及腦海中所構想的未來美好景象，簡而言之，也可以說是願望中的景象。它是願望與景象的結合，願望可以說是一種最高追求，是人們願為之傾注全部心力的，但它很抽象；景象卻是可感的，即便是未來的景象，也比抽象概念更清晰、更誘人。願望和景象結合生成的願景，確實能夠打動人們的心，因為它通常具有強烈的感染力，可以催人奮發、促人上進。

正是由於願景具有上述特點，現在有越來越多的企業組織投入於制定與描繪的工作，並用它在企業內部催生希望、凝聚人心，拴住員工的心，提升員工的力，從而獲得更大效益，逐步向願景接近；同時，對外也用它為企業樹立美好形象，贏得優良信譽，打動大眾，吸引顧客。

正是因願景具有這麼大的作用，企業主管人員不僅應該將這個概念放在心中，也有責任向自己的部屬傳達。向自己的部屬描繪、解釋，使它的感召力、凝聚力轉化為生產力，就如同孔明先生一樣，當一個布道大師。現代企業管理理論的一種觀點，也要求經理人要能夠成為企業價值觀和企業文化的傳教士，可以說是情理相通，古今一義。

誠信為本，取信於人

古人云：「人而無信，不知其可也。」意思是說一個人如果說話不算數，是難以想像的。古人又云：「人無信不立。」意思是說一個人沒有誠信，就難以立足於社會。一個人尚且如此，那麼，作為一個社會小單元的企業呢？如果一個主管對內言而無信，員工就不會信任你、會打破凝聚力、會破壞戰鬥力，這樣的企業恐怕難以為繼；而如果一個主管對外言而無信，就會自絕於社會，也會喪失合作者，到頭來必然是自尋死路。

信用乃社會之根本，人如此，企業尤然。

話說諸葛亮五伐中原時，深怕督運糧草者掣肘，貽誤軍機。這時，長史楊儀提出了輪班的設想，楊儀曰：「前數興兵，軍力罷敝，糧又不繼；今不如分兵兩班，以三個月為期。且如二十萬之兵，只領十萬出祁山，住了三個月，卻教這十萬替回，循環相轉。若此則兵力不乏，然後徐徐而進，中原可圖矣。」孔明曰：「此言正合我意。吾伐中原，非一朝一夕之事，正當為此長久之計。」遂下令，分兵兩班，限一百日為期，循環相轉，違限者按軍法處治。這年夏天，隴西莊稼大獲豐收，諸葛亮就派士兵到隴上趕緊收割小麥，以防備敵軍搶在前面收割，或破壞這些莊稼。司馬懿聞言，覺得這是一個活捉諸葛孔明的大好機會，準備派兵行動。恰巧這時，諸葛亮這邊趕上了部隊的輪班時限。長史楊儀入帳告曰：「曩者丞相令大兵一百日一換，今已限足，漢中兵已出川口，前路公文已到，只待會兵交換。現存八萬軍，內四萬該與換班。」孔明曰：「既有令，便教速行。」眾軍聞知，個個收拾起程。忽報孫禮引雍、涼人馬二十萬來助戰，去襲劍閣。司馬懿自引兵來攻鹵城了。蜀兵無不驚駭。楊儀入告孔明曰：「魏兵來得甚急，丞相可將換班軍且留下退敵，待新來兵到，然後換之。」孔明曰：「不可。吾用兵命將，以信為本；既有令在先，豈可失信？且蜀兵應去者，皆準備歸計，其父母妻子倚扉而望；吾今便有大難，決不留他。」即傳令教應去之兵，當日便行。眾軍聞之，皆大呼曰：「丞相如此施恩於眾，我等願且不回，各舍一命，大殺魏兵，以報丞相！」孔明曰：「爾等該還家，豈可復留於此？」眾軍皆要出戰，不願回家。孔明曰：「汝等既要與我出戰，可出城安營，待魏兵到，莫待他息喘，便急攻之，此以逸待勞之法也。」眾兵領命，各執兵器，歡喜出城，列陣而待。

其實，三國中無論是孔明、曹操還是孫權，在治軍中均貫徹以信為本，這使他們的軍隊沒有因主帥的誠信不佳，而出現眾叛親離的事情。就以孔明這次臨危講信為例，根據當時的戰況，蜀兵沒有回去的理由；但軍令在前，理應換班。這就產生了矛盾，對蜀軍統帥部門的誠信提出了考驗。按楊儀的意見，情勢危急，應該暫緩換班，但諸葛亮卻毫不猶疑地依令執行，「便有大難，絕不留他」。由此可知，身為一個統帥，即使在關鍵時刻，也要「以誠信為本」，不要把責任和負擔壓到每一個士兵身上，相反地，應把重擔移至自己身上，這是軍隊統帥統御軍隊的基本原則，也應該是企業管理者管理企業的基本原則。

企業對內講求誠信，又何止換班這類的工作安排？其他諸多方面也都要講求誠信。出去招募或有人應聘時，要誠信，不能胡亂吹捧，誇大企業的實力，許諾無根無據的薪水待遇，而答應了的，就一定要做到。對於企業內部的每一個員工，無論職位高低，都要以誠相待，信任他，也贏得他的信任。規定的就要執行，說到的就要做到，不能留下任何信用的死角。

同樣地，企業對外講求誠信，也包含很廣泛的面向，例如產品品質不能誇大，也不能作假，一就是一、二就是二；售後服務不能說了不算，履行承諾的時候拖拖拉拉、敷衍塞責，或者乾脆不理不睬，甚至惡語相向。現今的許多企業都是民營公司，任何一個擁有這家企業股票的股民們，都有權知悉公司的經營狀況，企業管理者不能弄虛作假，欺騙股民和大眾。企業經營管理者要把信用和企業的招牌連結在一起，像珍惜自己的招牌般珍惜信用，像維護招牌般維護信用。

人而無信，不知其可；企業無信，它的生存與發展同樣難以想像。許多企業內部的糾紛，其實都是因為缺乏信用而發生的。這雖然未必就會立即讓一個企業倒閉，但終歸會損耗元氣，甚至會弄得元氣大傷。至於企業對大眾失信，那影響就更大了，近幾年來倒閉的巨型企業，出現問題的根源，不就是誠信的缺失？有些人之所以不誠信，是希望因此獲取或保住某些利益，結果卻恰恰相反，反倒是那些寧肯自己損失，也不失信於人的行為，能夠贏得人心，進而獲取利益。諸葛孔明先生毅然決然要依令放那些該換班的前線將士回家，感動了這些人，使他們心甘情願地留下來投入戰鬥，就是一個很好的證明。

古今中外的傑出領導者，無不強調信譽第一、忠誠為上，把「信」視為立身之本，「言必信，行必果」。歸納來說，信是一種運用範圍很廣的管理策略，它用於政治，強調不欺其民；用於外事，不欺鄰國；用於治兵，賞罰必信；用於企管，贏得上下信任，同心協力。

英國管理學家羅傑．福爾克曾說：「世界上最容易損害一個經理威信的，莫過於被人發現在進行欺騙。」羅傑的話是頗有見解的。講信用是經營管理者的一種美德，也是經營管理中的優勢力量。

在經營管理中，一般人往往只重視產品信譽的價值，而忽視經營管理者自身信譽的價值，忽視經營管理者信譽潛移默化的影響力，這一點應該引起高度重視。

「卡維爾」是個十分著名的冰淇淋品牌，它是由美國人湯姆．卡維爾（Tom Carvel）於 1950 年代所創立的。如今，這個品牌的 1,000 多家連鎖店，已遍布世界五大洲的各個國家，年銷售額突破 10 億美元。

「卡維爾」之所以長盛不衰，有賴於其創始人「誠信第一」的經營之道。

湯姆．卡維爾本來是個試車手，工作之餘，他發明了一臺可以製造冰淇淋的機器，於是轉行做起冰淇淋生意。轉行後的卡維爾保留了試車手謹慎、誠實的工作態度，無論何時，都把顧客的利益看得最重要。

有一次，卡維爾在視察一家連鎖店時，發現店長為牟取利潤，擅自降低冰淇淋製作的標準，卡維爾大發雷霆，重重地處罰這位店長。這位店長不服，把卡維爾告上法庭，指控他是個暴君，虐待員工。

卡維爾毫不退讓，堅持與店長對簿公堂。他說，「我就是要管他們，只要有一個孩子吃了我們的冰淇淋而中毒，我的苦心經營就會毀於一旦。一個該重 3.5 盎司的冰淇淋，卻只有 3 盎司，如果被一個顧客知道了，我將失去一大批顧客。我是絕不允許這樣欺騙顧客的。」

這場官司前前後後拖了 9 年，最終法院站在法律的角度，肯定了卡維爾的做法，判原告敗訴，並承擔卡維爾的訴訟費和名譽損失費等。這一戰，卡維爾不僅挽回了自己的名譽，也為企業贏得了聲譽。從此，人們更加深刻地了解「卡維爾」誠信經營的一面。

後來，卡維爾又設立了「卡維爾冰淇淋知識學院」，凡是希望經營他產品的人，都必須入學進行兩週的培訓。卡維爾說，這是為了加強品質管理，從源頭上做好把關。

卡維爾的誠信，為其企業注入了源源不竭的生命力，所以幾十年後的今天，我們依然可以放心地享用「卡維爾」。

廳堂樽俎抵得沙場干戈

不記得是哪位詞人的詞作了，其中有這樣的句子：「堂上謀臣樽俎，邊頭將士干戈。」兩句之中，前一句說的是廳堂的談判，後一句說的是沙場的征戰；兩者相對而出，可見詞家視兩者同等重要。戰場如此，商場也如此。商戰之中，實力的比拚固然重要，言語的交鋒同樣可以帶來利益。

三國之中，一開始是劉氏集團最弱，它的崛起，固然有干戈之攻城略地，更有古鋒之取州得縣，它在曹操大軍壓境之下未致覆亡，進而小有發展，大多是從推杯換盞、口舌交鋒中得來的。而這個喫茶喝酒、搖唇鼓舌的人，就是諸葛亮。

話說劉備剛剛得了新野安頓下來，就有夏侯惇進言曹操，要他對這位「天下英雄」「可早圖之」，以除後患。曹操也有此意，於是便派夏侯惇率軍攻打新野，企圖在劉備羽翼未豐時翦而除之。豈料博望坡一戰，曹軍竟吃了敗仗，於是曹操親麾八十萬大軍南下攻伐。大軍壓境之下，劉備、諸葛亮等確定聯吳抗曹策略，諸葛亮親赴東吳勸說吳主孫權聯劉抗曹。

諸葛亮到東吳，先是舌戰了一番群儒，然後去見孫權。獻茶已畢，兩人談了起來，孫權說：「足下近在新野，佐劉豫州與曹操決戰，必深知彼軍虛實。」孔明說：「劉豫州兵微將寡，更兼新野城小無糧，安能與曹操相持。」孫權又問:「曹兵共有多少?」孔明說:「馬步水軍,約一百餘萬。」孫權問:「莫非詐乎?」孔明說「非詐也」,並具體解釋了一番。孫權又問:「曹操部下戰將,還有多少?」孔明答:「足智多謀之士,能征慣戰之將,何止一二千人。」孫權又問:「今操平了荊、楚,復有遠圖乎?」孔明說:「即今沿江下寨,準備戰船,不欲圖江東,待取何地?」孫權問是戰是降,孔明說有力量你就戰,覺得不行就趁早投降。孫權又問劉備為什麼不降,諸葛亮說「劉豫州王室之胄,英才蓋世,眾士仰慕」,雖說力量薄弱,但這樣的身分、這樣的才華、這樣的賢德,哪能投降?

諸葛亮說服了孫權,又說服周瑜,終於說動東吳抗擊曹操。赤壁一戰,曹操大敗而逃,劉備卻乘機占了荊州、襄陽。周瑜氣不過,要發兵與劉備等一決雌雄,魯肅勸住,並請纓去說理、索地。魯肅來到荊州,孔明令大開城門,接肅入衙。講禮畢,分賓主而坐。茶罷,肅曰:「吾主吳侯,與都督公瑾,教某再三申意皇叔。前者,操引百萬之眾,名下江南,實欲來圖皇叔;幸得東吳殺退曹兵,救了皇叔。所有荊州九郡,合當歸於東吳。今皇叔用詭計,奪占荊襄,使江東空費錢糧軍馬,而皇叔安受其利,恐於理未順。」孔明曰:「子敬乃高明之士,何故亦出此言?常言道:『物必歸主。』荊襄九郡,非東吳之地,乃劉景升之基業。吾主固景升之弟也。景升雖亡,其子尚在;以叔輔姪,而取荊州,有何不可?」肅曰:「若果係公子劉琦占據,尚有可解;今公子在江夏,須不在這裡!」孔明曰:「子敬欲見公子乎?」便命左右:「請公子出來。」只見兩從者從屏風後扶出劉琦。琦謂肅曰:「病軀不能施禮,子敬勿罪。」魯肅吃了一驚,默然無語,良久,言曰:「公子若不在,便如何?」孔明曰:「公子在一日,守一日;若不在,別有商議。」肅曰:「若公子不在,須將城池還我東吳。」孔明曰:「子敬之言是也。」遂設宴相待。

商務談判是現代企業經營管理中十分重要的一個環節，在現今資本運作和跨國經營越來越普遍的情況下，商務談判日顯重要。不僅對外，就算只是企業的內部，部門之間、員工之間，為了資源分配、流程的銜接，或希望上司加薪、希望團隊認同你的方案，無時不需要談判，談判已經成為現代企業主管必須具備的能力之一。

如前所述，劉備面臨八十萬曹軍攻伐的滅頂之災，是藉助孫吳的力量避免的，他的城池州縣是靠巧取豪奪得來的，他保住這些地盤的方法，也大多是死賴硬扛；而所有這些能夠實現，靠運籌帷幄，更靠折衝樽俎。諸葛亮在這些口舌交鋒之中，十分嫻熟地運用眾多談判策略，從而為劉氏集團謀取了這個時期不可能憑藉武力獲得的巨大利益。

說動孫權等聯劉抗曹，是一場關係重大，也十分艱難的談判。說艱難，是因為己方的條件實在太差。有多少人馬？有多少地盤？如果說問題還只是聯合後誰占多少股份，或許並不妨礙聯合；但要命的是，聯合的對象只有一個，人家又沒有與自己聯合的必要 —— 曹操的矛頭所向並非孫吳。就憑這些去談判，必輸無疑，因此要找出一些利己不利彼的條件。諸葛亮找到了！我們有品牌 —— 劉備是王室之胄；我們有人才凝聚力和顧客忠誠度 ——「眾士仰慕」；我們有人力資源　不僅劉備「英才蓋世」，我諸葛亮和關、張、趙也個個不弱，那謀略、那武藝，也可以算是知識股份與技術股份；我們有偉大的願景 —— 除漢賊、興漢室；我們還大義凜然 —— 企業文化也不能不算。相反地，你孫吳面臨曹操圖謀，雖說現在占有不少市場，但如果失敗了呢？你們也缺少品牌，缺少願景。總之，我們有的，你們都沒有。如此一來，談判的砝碼霎時增加了千鈞，談判的天平最終傾向劉氏這邊。就這樣，劉氏集團以數千兵馬、幾方小地，和兵精糧足的東吳集團達成均勢聯盟。

在說動東吳聯劉抗曹的談判中，諸葛亮用了「天平」策略；在駁回魯肅索要荊襄二地的談判中，用的卻是「局外人」的談判策略。本來，魯肅說服東吳動用大軍殺退曹兵，救了劉皇叔，所得城池應該歸吳；劉皇叔用詭計奪去，於理不順，誰出力誰獲取，應該歸還。諸葛亮不和他談歸不歸還，卻先講自己的道理——「物必歸主」，並在對方不防備的情況下，獲得其認同，然後抬出「局外人」來。魯肅已先認同對方的道理，此時也就不好食言。不過，其實魯肅也是談判高手，他在輸了一局的情況下，又提出「局外人」不在以後的問題，預埋伏筆，諸葛亮也便借坡下驢，答應了他。這一仗已經贏了，再多說怕會出事，弄成僵局。「局外人」死後，魯肅又來索地，諸葛亮又以一番「混賴」（周瑜語）的談判打發了他。

諸葛亮的談判藝術堪稱神妙，也多與現代商務談判的策略吻合，比如黑臉和白臉策略——黑白臉看似一個友善、一個敵對，其實他們只是在演戲迷惑談判對手；紅鯡魚策略——在談判接近尾聲的時候，提出一個以前從未涉及的問題，以獲得談判主動權；不良行為策略——以不良的言行使對方退縮……如此等等，不一而足。

松下幸之助的才能是多方面的，他是發明能手，是經營之神，是推銷專家，同時也是談判高手。

松下認為，談判就是以條件為領土的爭奪戰，出奇制勝的策略戰術同樣適用。因而在商務談判中，松下往往能以出人意料的談判條件，堅守陣地、克敵致勝。在談判中，松下提出的條件，聽起來像千古奇聞，令人咋舌，但又能讓談判對手感到是合情合理的，並非財大氣粗、以勢壓人。

在松下與飛利浦公司（Philips）關於「經營指導費」的談判中，松下便以他出奇制勝的談判戰術，贏得了勝利。

松下電器與飛利浦公司有合作意向時，飛利浦已經是歐洲老牌電器製造商，而松下則是這一行的新軍。雙方之所以有合作意向，是因為松下看上了飛利浦的技術，而飛利浦也剛好看上松下的經營。這項合作，實質上是技術轉讓和經營指導的合作，形式是雙方共同投資設廠，各以資金、技術作為股本。投資的股本份額是非常明顯的，但難以衡量的則是其他軟性的部分。飛利浦提出了一次性的技術轉讓費 50 萬美元，技術指導費 7%，而松下則力爭將技術指導費降到 4.5%，同時卻又提出相反的，也要飛利浦向松下公司支付 3%「經營指導費」的條件。這條件讓久經沙場的飛利浦代表驚訝！曠古迄今，還未聽說過有這種事。但松下的理由也是很充分的：既然你看準松下的經營，就說明我的經營是有價值的；如果只有你的技術，沒有我的經營管理，事情也辦不成。既然技術指導有價值，經營指導也是有價值的，因而松下堅守陣地，絕不退讓，最終，飛利浦公司應允了松下的要求，雙方因此達成合作協議。

柯達公司創始人喬治．伊士曼（George Eastman）歷經艱苦打拚，成為美國鉅富之後，不忘為社會公眾造福。一次，伊士曼捐款，想在曼徹斯特建造一座音樂館、一座紀念館和一座戲院。這批建築物需要訂購大量的座椅，於是，許多製造商紛紛找上門來，意欲承接這個利潤誘人的生意，為此，製造商們與伊士曼舉行多輪談判，卻一個個敗下陣來，掃興而歸。

一天，美國一家座椅製造公司的經理亞當森走進了伊士曼祕書的辦公室，他開門見山，向祕書說明自己為那筆座椅生意而來，想與伊士曼談判。祕書對亞當森說：「伊士曼先生的工作非常繁忙，只能給你五分鐘的談判時間。如果你超時了，那你就必敗無疑了。」亞當森只是微笑地點了點頭。

亞當森被引進伊士曼的辦公室。看見伊士曼聚精會神地處理桌上的一堆檔案，亞當森並沒有急於開口，而是站在一邊，四下環顧起伊士曼的辦公室來。過了一會，當伊士曼抬起頭時，這才發現亞當森，祕書便把亞當森引見給伊士曼。

亞當森閉口不談生意的事情，而是大大誇獎辦公室的精緻裝修。他說：「我本人就是從事室內木工裝修的，但從未見過裝修得這麼好的辦公室。」伊士曼一聽，便被引起興趣，他對亞當森說：「這間辦公室是我親自設計的。」亞當森由衷地讚嘆：「真是好手藝」。伊士曼便興致勃勃地帶著亞當森仔細參觀他辦公室的設計裝修，並逐一向他作介紹。亞當森不厭其煩地傾聽著、欣賞著，這讓伊士曼非常高興，一直想與他聊天。

就這樣，他們從辦公室的裝修設計，一直談到伊士曼的個人生活經歷，以及自己所從事的公益事業。他們聊的時間很長，遠遠超過了祕書所規定的五分鐘。

由於亞當森成功地運用了真誠讚美對方的談判技巧，後來終於在這場談判中大獲全勝，順利地與伊士曼簽訂製造那批座椅的合約。

經營品牌，盡得地利人和

中華文化自古以來，少見「品牌」之說，多的是字號、招牌。其實說穿了，字號、招牌就是產品（服務）名稱與企業名稱合一的品牌，現代企業也多有這樣的品牌形態。

諸葛亮多才多識，其中一「識」，就是識得品牌的價值，然後把這品牌經營得如風如雨、如虹如霞、如神如靈。招徠了人才、拓展了市場、贏得了顧客、謀取了合作，直接讓一個只有數十人合夥的小公司，成為三分天下有其一的大集團。諸葛亮的品牌經營，放眼古今，無人能出其右。

話說諸葛孔明在東吳與群儒已舌戰幾陣、陣陣皆勝，突然，座上又一人應聲問曰：「曹操雖挾天子以令諸侯，猶是相國曹參之後。劉豫州雖雲中山靖王苗裔，卻無可稽考，眼見只是織蓆販屨之夫耳，何足與曹操抗衡哉！」孔明視之，乃陸績也。孔明笑曰：「公非袁術座間懷桔之陸郎乎？請安坐，聽吾一言。曹操既為曹相國之後，則世為漢臣矣；今乃專權肆橫，欺凌君父，是不唯無君，亦且蔑祖，不唯漢室之亂臣，亦曹氏之賊子也。劉豫州堂堂帝胄，當今皇帝，按譜賜爵，何云『無可稽考』？且高祖起身亭長，而終有天下；織蓆販屨，又何足為辱乎？公小兒之見，不足與高士共語！」陸績語塞。

卻說曹操兵敗棄漢中而走，劉氏集團得了漢中，眾將打算擁戴劉備稱帝，但又不敢直說，就向諸葛亮討主意。諸葛亮說一聲「吾意已有定奪了」，隨即引法正等入見玄德，曰：「今曹操專權，百姓無主；主公仁義著於天下，今已撫有兩川之地，可以應天順人，即皇帝位，名正言順，以討國賊。事不宜遲，便請擇吉。」玄德大驚曰：「軍師之言差矣。劉備雖然漢之宗室，乃臣子也；若為此事，是反漢矣。」孔明曰：「非也。方今天下分崩，英雄並起，各霸一方，四海才德之士，捨死亡生而事其上者，皆欲攀龍附鳳，建立功名也。今主公避嫌守義，恐失眾人之望。願主公熟思之。」玄德曰：「要吾僭居尊位，吾必不敢。可再商議長策。」諸將齊言曰：「主公若只推卻，眾心解矣。」孔明曰：「主公平生以義為本，未肯便稱尊號。今有荊襄、兩川之地，可暫為漢中王。」

諸葛亮經營的品牌叫「劉備」、「蜀漢」，這個品牌有悠久的歷史，往前甚至可推及漢代開國皇帝劉邦，且有一定的知名度：「新野牧，劉皇叔，自到此，民豐足」，它的特質是正統與仁義。未曾出山之前，諸葛亮已知劉備乃漢室之胄、賢德之人，隆中對策之時雖稱劉為「將軍」，臨行囑咐兄弟諸葛均卻說「吾受劉皇叔三顧之恩，不容不出」，稱呼「劉皇叔」，可知他已意識到這個品牌的價值。及至樊城兵敗，劉備不忍丟下百姓，孔明出主意說「可令人遍告百姓，有願隨者同去」，因此而有「劉玄德攜民渡江」，這是諸葛亮對品牌的第一次成功運作。這一功效顯著，為劉氏集團獲得了一批忠實的顧客，同時也擴大了品牌知名度。那麼多人口口相傳，豈不天下盡知？所以，無論以後劉備走到哪裡，不是有越聚越多的忠實顧客不離不棄，就是有越來越多的顧客聞名歡迎。

同樣地，品牌的經營還為劉氏集團招徠了許多人才，龐統、姜維、黃忠、馬超都是，說詞均為「棄暗投明」。李恢勸馬超時就說「背暗投明」，馬超降蜀後對劉備說的也是「今遇明主，如撥雲霧而睹青天」。

「明」正是品牌的知名度，「棄暗投明」則是品牌影響力。劉氏集團的這種品牌影響力，是相當大的，因此得了不少人才，也得了不少地盤。或被動而不得已，或主動而心嚮往，但總歸而言，都是衝著劉備這桿大旗、蜀漢這塊招牌來的。

從今日假冒、偽劣猖獗的現象可以知道，品牌需要推廣，更需要維護。諸葛亮扁舟渡江赴東吳，根本目的是聯營合作，但己方談判的硬實力籌碼不多，孔明先生便把品牌的軟實力竭盡全力提升、推廣。想不到有人質疑劉氏品牌，諸葛亮便與東吳的陸績古劍交鋒，打了一場品牌保衛戰，維護了自己的品牌。

品牌需要維護，還需要創新。品牌創新並不是說需要改名，除非這個牌子「名聲壞了」，只會帶來負面影響，否則改名是品牌經營的大忌。品牌創新是指根據社會發展和策略規劃，賦予新的內容或色彩，比如，「聯想」還是聯想，只是標誌變了、英文名稱變了、品牌語言也從「人類沒有聯想，世界將會怎樣」，變成「只要你想」。諸葛亮深知品牌創新之道，儘管劉備「漢室之胄」、「劉皇叔」這個核心從未改變，但在不同時期，需為其賦予不同的色彩。得益州之後，劉備是「自領益州牧」；得漢中後，諸葛亮力勸，劉備進位漢中王；得知曹丕篡漢稱帝後，諸葛亮又設計讓劉備登上皇位。就這樣，一新而再新，諸葛亮的這番品牌運作，個中奧祕，實在玄妙。再比如劉備稱帝，此時如果劉備不即漢室帝位，別人也不站出來說話，那就等於承認了假冒的曹丕的帝位，會很大程度地折損自己的品牌價值，因此，平生對劉備很少「欺其以方」的諸葛亮，這回卻對仁厚的劉備耍了計謀；並非不忠，而是事關重大、時涉緊急。

在企業中，並不是每個主管人員都有品牌經營的任務，但卻都應該要有熱愛品牌、維護品牌、推廣品牌的義務，都要為企業品牌經營出力。

策略規劃：企業發展的藍圖

想當初，劉氏集團草創之時，其實很慘，狀況甚至連「攏共有十幾個人來、七八條槍」也不到，後來混得最好的時候，劉備也不過當了一個縣令，公司規模也只能算是新創。而其中又有許多不足的地方，不得不附公孫、歸曹操、投袁氏、依劉表，公司也成了人家大集團之下的一個部門。這種情形，與劉備「匡扶漢室」的大目標，所差豈止十萬八千里？

然而，自從諸葛孔明當了他的高階主管（先軍師、後丞相）後，局勢便發生翻天覆地的變化。變化的開始，是在河南南陽的一個小山村。

話說劉備聽從徐庶的推薦，認為南陽諸葛亮是位不可多得的人才，便率二弟關羽、三弟張飛前去聘請。誰知這孔明竟耍大牌脾氣，兩次避而不見，氣得張飛想直接用繩子將他綁來，幸好被劉備勸住。於是，三兄弟才有了第三次登門拜訪。

這次諸葛亮總算沒有避開，可又偏偏碰到他午睡還沒醒。張飛看到大哥一路鞍馬勞頓、「這先生如何傲慢」，便要將茅廬化為灰燼。劉備又一次制止他，畢恭畢敬地等候孔明醒來。諸葛亮看出劉備確有誠意，便也就不再「假裝大牌」，將自己的計畫和盤托出。孔明曰：「自董卓造逆以來，天下豪傑並起。曹操勢不及袁紹，而竟能克紹者，非唯天時，抑亦人謀也。今操已擁百萬之眾，挾天子以令諸侯，此誠不可與爭鋒。孫權據有江東，已歷三世，國險而民附，此可用為援而不可圖也。荊州北據漢、沔，利盡南海，東連吳會，西通巴、蜀，此用武之地，非其主不能守，是殆天所以資將軍，將軍豈有意乎？益州險塞，沃野千里，天府之國，高祖因之以成帝業；今劉璋闇弱，民殷國富，而不知存恤，智慧之士，思得明君。將軍既帝室之胄，信義著於四海，總攬英雄，思賢如渴，若跨有荊、益，保其巖阻，西和諸戎，南撫彝、越，外結孫權，內修政理；待天下有變，則命一上將將荊州之兵以向宛、洛，將軍身率益州之眾以出秦川，百姓有不簞食壺漿以迎將軍者乎？誠如是，則大業可成，漢室可興矣。此亮所以為將軍謀者也。唯將軍圖之。」言罷，命童子取出畫一軸，掛於中堂，指謂玄德曰：「此西川五十四州之圖也。將軍欲成霸業，北讓曹操占天時，南讓孫權占地利，將軍可占人和。先取荊州為家，後即取西川建基業，以成鼎足之勢，然後可圖中原也。」

諸葛亮的這一番話，就是有名的「隆中對策」，內容大約可分成兩個層面：局勢分析和發展策略。當時，曹操統治中原北部，孫權占據江東六郡；中部荊襄有劉表，西部、西北部有馬騰、韓遂之流；西南則是老牌軍閥劉璋及少數民族。如此看來，發展空間已被瓜分完畢，劉備一方似乎已無商機可言。然而，諸葛亮卻不這麼想，他認為劉備這個小公司可以發展為三分天下有其一的大集團。

為什麼諸葛亮說劉備可以三分天下有其一呢？這是分析局勢的結果。雖然當時各種勢力眾多，但就核心競爭力而言，只有曹操、孫權比較強大，其他的則大多缺乏這種能力。劉備當時沒有地盤，兵將也很少，但他具有一定的資源優勢和最為強大的軟實力，因此核心競爭力強過孫、曹之外的列強。在核心競爭力上，劉備可與孫、曹比肩，加之經營有道，三分天下有其一並非虛妄之說。

但可能並不等於現實，想把可能變為現實，必須經過精心的規劃和不懈的努力。隆中對策裡，諸葛亮為劉氏集團的未來發展作出明確的策略。就現有各種勢力而言，曹操「不可與爭鋒」，要避開；孫權「可用為援而不可圖」，也不能打他的主意；其他的，似乎都可以「圖」、都可以「與爭鋒」。但就當時的形勢而言，北有曹操，東有孫權，南邊的發展前景又不看好，而向西入川，不僅當地統治勢力較強，而且天府之國物阜民豐、易守難攻，正是鼎立一足的好地方。因此，諸葛亮為劉氏集團作出的發展規劃是「先取荊州為家，後即取西川建基業，以成鼎足之勢，然後可圖中原」。

在三顧茅廬之前，劉備有願望、有目標，但沒有策略規劃，所以做事這邊一撇、那邊一劃，始終連個立足之地都沒有搞定。有了隆中對策後的策略，雖然也經歷了火燒新野、攜民渡江、敗走漢津等一連串坎坷，可最後還是經赤壁一戰而巧取荊州，有了自己立足的地盤，獲得策略計畫的近期成果。由此看來，高遠的目標如果脫離切實的規劃，那只是一顆撒手而去的氣球，虛渺得很；而相反地，這種高遠目標一旦因規劃而底定，再經過切實的執行，就能顯著縮短與目標的距離。

近幾十年來，西方國家的企業經營管理已經進入一個新的階段，策略管理被提升到很高的位置，而企業最高管理者的任務就是思考策略、制定策略以及實施策略。1980 年代，西歐曾對一些企業高層領導者的時間安排進行過調查，調查結果可見，他們有 40%的時間用於企業的經營策略，40%用於處理外部各方面的重要關係，剩餘的 20%，則用於處理企業的日常事務。曾任英國奇異公司董事長的威爾許也說過：「我整天沒有做幾件事，但有一件做不完的事，那就是計劃未來。」

什麼樣的規劃才算是科學的呢？它必須同時具備全面性和長遠性兩個

條件。現代企業整體而言，綜合發展狀況都已提升，「輻射半徑」延長，因此，策略規劃勢必要展現整體意識、宏觀意識，甚至全球意識。既要全面，又要有層次；既要高屋建瓴，統籌兼顧，全方位進行思考，防止顧此失彼，出現遺漏，又要分清不同層次，區分輕重緩急。同時，一個企業制定自己的策略方案時，只有聚焦於未來，才能有所創新，才能適應內外環境的變化和發展，從而長期保持主動和領先，把握和贏得未來。因此，策略經營要展現出未來意識和超越意識，樹立「未來是永恆主題」、「未來決定現在」、「現在的競爭是對未來掌握能力的競爭」等新觀念。

諸葛亮的隆中對策雖然不像現在企業的策略規劃那樣詳盡，但它們的精神是一致的，短短幾百字，就為劉備描繪出一幅美好的發展藍圖，難怪皇叔要感嘆「如撥雲霧而睹青天」了。

企業草創，不妨借雞生蛋

企業草創，大多缺少資源。固定資產缺乏，流動資金不多，人也沒有幾個 —— 這是大部分企業草創時的情形。在此情形之下，有的企業裹足不前，有的企業長足發展，原因何在？就在於能否巧用天時、地利、人和，借力生力、借雞生蛋。

劉氏集團註冊（拉起旗子）的時候，資源少得可憐。最初，他們不過是承接一些大企業的外包任務，或者乾脆到別人那裡去工作。但諸葛亮加盟後，局勢就不一樣了，因為諸葛孔明先生慣於借力生力、借雞生蛋。

赤壁大戰結束，曹操被孫、劉兩家打得向北逃竄。心腹之患暫除，因此孫、劉兩家的敵對面目便又暴露出來。那劉備和諸葛亮屯兵油江口，究竟想做什麼？周瑜身為一個年輕的軍事家，一目瞭然：「必有取南郡之意。」既知劉備的目的，就不能不採取對應之策。怎麼辦？周瑜打算以慰勞劉備為由，去揭露劉備，讓他放棄野心。於是便帶著魯肅「引三千輕騎，徑投油江口來」。

再看看劉備和孔明那邊。玄德乃問孔明曰：「來意若何？」孔明笑曰：「哪裡為這些薄禮肯來相謝。止為南郡而來。」玄德曰：「他若提兵來，何以待之？」孔明曰：「他來便可如此如此應答。」遂於油江口擺開戰船，岸上列著軍馬。人報：「周瑜、魯肅引兵到來。」孔明使趙雲領數騎來接。瑜見軍勢雄壯，心甚不安。行至營門外，玄德、孔明迎入帳中。各敘禮畢，設宴相待。玄德舉酒致謝鏖兵之事。酒至數巡，瑜曰：「豫州移兵在此，莫非有取南郡之意否？」玄德曰：「聞都督欲取南郡，故來相助。若都督不取，備必取之。」瑜笑曰：「吾東吳久欲吞併漢江，今南郡已在掌中，如何不取？」玄德曰：「勝負不可預定。曹操臨歸，令曹仁守南郡等處，必有奇計；更兼曹仁勇不可當，但恐都督不能取耳。」瑜曰：「吾若取不得，那時任從公取。」玄德曰：「子敬、孔明在此為證，都督休悔。」魯肅躊躇未對。瑜曰：「大丈夫一言既出，何悔之有！」孔明曰：「都督此言，甚是公論。先讓東吳去取；若不下，主公取之，有何不可！」瑜與肅辭別玄德、孔明，上馬而去。看來，諸葛亮對周瑜此行的目的心明眼亮。但諸葛亮的高明之處在於，他沒有鼓動劉備與周瑜當面抗爭，而是主動讓周瑜去取南郡，這令劉備不太理解。其實，諸葛亮用的是「坐山觀虎鬥」和「漁人取利」的「奸計」，本意不是不要南郡，而是要坐享其成。因此，當劉備明白此計後，「大喜，只在江口屯紮，按兵不動」。

而周瑜的幼稚之處，就在於輕信劉備和諸葛亮的話，當他帶兵奮力拚殺，終於趕走南郡的曹兵之後，才發現上當了。周瑜、程普收住眾軍，徑到南郡城下，見旌旗布滿，敵樓上一將叫曰：「都督少罪！吾奉軍師將令，已取城了。吾乃常山趙子龍也。」周瑜大怒，便命攻城。城上亂箭射下。瑜命且回軍商議，使甘寧引數千軍馬，逕取荊州；凌統引數千軍馬，逕取襄陽；然後卻再取南郡未遲。正分撥間，忽然探馬急來報說：「諸葛亮自得了南郡，遂用兵符，星夜詐調荊州守城軍馬來救，卻教張飛襲了荊州。」又一探馬飛來報說：「夏侯惇在襄陽，被諸葛亮差人齎兵符，詐稱曹仁求救，誘惇引兵出，卻教雲長襲取了襄陽。二處城池，全不費力，皆屬劉玄德矣。」周瑜曰：「諸葛亮怎得兵符？」程普曰：「他拿住陳橋，兵符自然盡屬之矣。」周瑜大叫一聲，金瘡迸裂。諸葛亮終於借東吳這隻大「雞」，為劉備生下了「荊州三郡」這顆大蛋。

諸葛亮從南陽臥龍岡出山以後，為劉氏集團所做的策略規劃是「先取荊州後取西川」。之所以先取荊州，是要找一個較好的落腳地盤。荊州與孫、曹所占地盤相比較小，但即使小，當時的劉氏集團也拿不下，只是規劃既定，拿不下也要拿。不過，既然自己拿不下，那就借用別人的力量，再加大敵（曹操）當前，諸葛亮馬上定下了聯孫抗曹、隨機應變的策略。

在赤壁之戰中，孫、劉兩家聯盟，但事實上，只是東吳一家主力抗曹。當劉備主張建立聯盟時，明白人已經看出劉備的目的是分享赤壁之戰後的勝利果實，當劉備移兵油江口時，他的目的開始暴露。不幸的是，周瑜雖然看出劉備的目的，但卻中了諸葛亮的「奸計」，無形中憑意氣，上了諸葛亮藉助東吳之力奪取南郡的「賊船」。就劉備的軍事實力而言，無力取荊州六郡中的南郡等城，但為安身之處，孔明重演了一場「借刀殺人之計」，使周瑜與曹軍在沙場血戰，而自己卻渾水摸魚，不費一兵一卒，輕摘勝利果實，實為「漁翁之利」。由此可見，諸葛亮從來不做無謂的行動，在任何情況下，只要是他主動出擊對方，一定是想利用對方的某種優勢，但又顯得沒那麼明確，使對方在不知不覺中，鑽進他的圈套，這就是諸葛亮藉助外力達到一己目的的高明之處。

所謂「借雞生蛋」，在現代商戰而言，就是透過借錢財、借技術、借人才、借資源等，以壯大發展自己的企業，從而去戰勝競爭對手。

商戰的拚殺雖不及戰場上的拚殺那樣鮮血淋漓，但本質是一樣的，就是要運用智慧，哪怕是奸計也一樣。

也許有人覺得諸葛亮巧取南郡等方法有點涉嫌欺詐，但這個說法值得商権。政壇之事，疆場之戰，商界之爭，歷來都爭鬥不絕，以至於你死我活，因此，諸葛亮這樣做，也可說是不得不為。數數現今躋身世界 500 強中的那些企業，哪個不是篳路藍縷、左支右絀走過來的？松下最初是做腳踏車車燈的，福特的「工廠」就是他家的後院；微軟最初也不過是幫人家做軟體的。再如李嘉誠最初賣塑膠花、王永慶最初賣稻米，而聯想最初也不過是家小小的代理商。在這種情況下，要發展，就必須借用各種外力，這些外力可以是宏觀的天時、地利、人和，也可以是具體的錢財、技術、人才和其他資源。經此一借，企業就可以走向一個新的臺階上去。

其實，何止草創之初需要借用外力，企業發展什麼時候都應該巧妙藉助外力，尤其是企業要更上一層樓，有時不藉助外力往往很難。內外一起用力，企業的發展自然就快一些。但同時也要切記，不能把什麼寶都押在外力之上，否則沒有外力的時候，就可能毫無頭緒、不知道該怎麼做；也不能因為有了外力而一股腦企圖一飛衝天、聲聞四海，否則會因力量不協調而摔跤。

提到比爾蓋茲，人們自然會想到世界軟體業的霸主 —— 微軟公司。這個由蓋茲一手締造的軟體王國，如今已是世界上最賺錢的機器之一，每年的營業收入都高達幾百億美元。可是，誰能想到，僅僅幾十年前，微軟剛剛誕生之際，公司的總資產不過 2,000 美元。微軟之所以能創下今天的龐大家業，實在離不開草創時的借雞生蛋。

當微軟成立幾年後，公司雖然有所發展，但知名度不夠，銷售額有限。為了進一步擴大事業，蓋茲下決心要打出品牌，提高知名度。當時，美國最大的電子電腦公司 IBM 正在研製一種新型的個人電腦，這種新機型需要配置相應的磁碟作業系統軟體。蓋茲迅速意識到機會來了，只要跟 IBM 這個「藍色巨人」合作，就不用擔心沒有微軟出頭的時候。

IBM 的這筆生意數額巨大，不僅微軟，美國幾家大型的軟體公司，都對其虎視眈眈，蓋茲決定背水一戰。他首先花重金買下西雅圖電腦產品公司（Seattle Computer Products）St. DOS 的專利權和使用權，然後組織公司的全體技術人員加班趕工，將 St. DOS 進行修改和擴充。很快，一種新型的、名為 MS. DOS 的作業系統軟體誕生了，而為不貽誤戰機，蓋茲又親自出馬，到 IBM 總部聯繫業務。

經過一番角逐，IBM 最終選擇了效能優越、價格便宜的 MS. DOS 作業系統當作新型電腦的基本作業系統，並把它命名為 PC. DOS。這個訊息一經傳出，在電腦業引起一陣譁然，人們紛紛議論這個名不見經傳的小公司。而微軟從此聲名鵲起，業績激增十幾倍。

聰明的蓋茲藉著 IBM 的威名把微軟捧紅，開啟了事業成功的第一步。後來在 IBM 的強大背景下，微軟又屢屢「借雞生蛋」，做出了 Basic、Dos、Windows、Word 等軟體產品，這些軟體產品構成微軟的中堅力量，使微軟一步步強大起來，最終成為無人能敵的「微軟帝國」。

1939 年，林紹良為逃避徵兵遠渡重洋，來到印尼謀生。最初，林紹良在叔父的花生油店打工，略有積蓄後，就外出謀求發展。1945 年 8 月，日本投降後，印尼宣告獨立，但荷蘭軍隊捲土重來，印尼又陷於戰火紛飛之中。林紹良所在的中爪哇，是印尼共和國所在地，這裡由於荷蘭人的經濟封鎖，物資極為匱乏，許多生活必需品得透過走私才能運往內地。經過多年小販生涯的林紹良，憑藉多年累積下來的經商經驗和廣泛的社會關係，冒著風險為游擊隊源源不斷地輸送彈藥和醫藥用品等物資。在這些支援活動中，他認識了許多印尼軍官，其中之一是後來成為總統的蘇哈托（Suharto），當時蘇哈托是三寶壟地區的中校團長，每當蘇哈托的軍隊陷入經濟困境時，林紹良都義不容辭地予以有力支持，讓蘇哈托十分感激，兩人因此結下深交。

1965年，蘇哈托利用他所擁有的陸軍指揮權，獲得最高權力，繼而從蘇卡諾（Soekarno）手中接過印尼總統職位。為了發展經濟，他提出「三大奉獻」精神來鼓勵人民。為了集資興辦工業，不讓華人資本外流，邀請林紹良等29位華人富豪，商討創辦各種工業的想法。林紹良抓住時機，隨即創辦紡織、麵粉和水泥三家工廠，並和蘇哈托家族共同創辦「根札那企業集團」。他還和政府合作，答應把企業的1/4股票賣給合作社，以此來發展國家資本。

1960年代中期，在林紹良創辦了根札那企業集團後，該集團成為共持有30多家銀行、建築、游泳池、鋼鐵等行業的企業公司，現在，該集團更已成為印尼華人最雄厚的企業王國之一。1968年，他所經營的公司更獲得政府給予的丁香進口專利權。林紹良正是因實施「借雞生蛋」的經營策略，才讓資金滾滾而來，事業迅速發展。

謀求發展，首先要紮穩根基

天時、地利、人和三大成功要素，地利被排在第二，可見其重要性。俗話說，乞丐也有自己的地盤呢！何況經商謀利？沒有地盤，就沒有立足之地；沒有好地盤，就沒有發展基礎。企業想變大，首先必須紮穩根基，把基本業務、基礎市場等等鞏固了，然後再圖發展。

諸葛亮為劉氏集團規劃的策略發展基礎，是先取荊州，然後以此為根基，向西入川，占有兩川，成為集團根據地，然後進可攻、退可守。孔明先生在這兩件事情上費了不少心血，劉氏集團也正是在這兩個牢固的基礎上，進一步發展、壯大的。

話說赤壁大戰後，曹軍敗逃，劉備伺機占領荊州，並派關羽留守，打算長久占有荊州。荊州乃咽喉之地，對劉備一方有極其重要的策略意義，希望長期據有；而周瑜那一方，同樣知道荊州的策略意義，哪肯棄之不理？周瑜認為荊州是由他主導的赤壁之戰的勝利果實，曹軍既敗，荊州理應歸東吳，因此對劉備十分不滿，商議如何奪回荊州。正議間，魯肅至。瑜謂之曰：「吾欲起兵與劉備、諸葛亮共決雌雄，復奪城池。子敬幸助我。」魯肅曰：「不可。方今與曹操相持，尚未分成敗；主公現攻合淝不下。不爭自家互相吞併，倘曹兵乘虛而來，其勢危矣。況劉玄德舊曾與曹操相厚，若逼得緊急，獻了城池，一同攻打東吳，如之奈何？」瑜曰：「吾等用計策，損兵馬，費錢糧，他去圖現成，豈不可恨！」肅曰：「公瑾且耐。容某親見玄德，將理來說他。若說不通，那時動兵未遲。」諸將曰：「子敬之言甚善。」魯肅領了這個任務，卻根本不可能完成。直到最終呂蒙以武力相向，這荊州才被孫吳奪了回去。當然這是後面發生的事了，這裡先不提。

卻說劉備得了益州（成都）……殺牛宰馬，大餉士卒，開倉賑濟百姓，軍民大悅。

益州既定，玄德欲將成都有名田宅，分賜諸官。趙雲諫曰：「益州人民，屢遭兵火，田宅皆空；今當歸還百姓，令安居復業，民心方服；不宜奪之為私賞也。」玄德大喜，從其言。自此軍民安堵。四十一州地面，分兵鎮撫，並皆平定。

荊州作為軍事要衝，對曹、劉、孫都有著十分重要的策略意義。孫權要統一長江以南，以圖發展，必須占有荊襄；曹操只有奪取荊州，方能南過長江，實現其南北統一的大業；而對劉備來說，荊州是他最初的立足點、向西川發展的基地，更是非占不可。可見，荊州之地對曹、孫、劉三家來說都是不占不行，非占不可。

既然如此，劉備一方就大張旗鼓地占住荊州就好，為什麼要使出「借」字訣呢？其原因，一是力量不夠，二是擔心損害孫、劉聯盟。前者不說，單說後者。赤壁一戰，劉備雖贏，但實力仍然很弱，而曹操雖然兵敗，但實力依然強勁。在這種力量對比中，劉氏集團必須堅持聯合東吳的方針，以共同對付曹操。孔明的高明之處就在於，他能夠從大局著眼，既要占荊州，又不因此而破壞孫、劉聯盟。荊州之爭畢竟是孫、劉之間根本利益的衝突，如果解決不好，聯盟則難以維持；但若是為了維持聯盟而把荊州讓給孫權，劉備也會失掉生存之地。在此情況下，怎樣既能維護孫吳聯盟、又永久據有荊州，就展現出諸葛亮的智慧，「借」就是這種智慧的彰顯。呂蒙智奪荊州前，孫、劉雙方始終沒有爆發大的軍事衝突，在這段寶貴的時間裡，劉備乘機取得西川和漢中等地，終於發展成一支可以與曹操、孫權抗衡的強大力量。

荊州對劉氏集團的早期發展十分重要，但集團成熟以後，再以它為根據地，則顯然不行。荊州地當要衝，少險可據，又是另外兩大勢力的必爭之地。因此，諸葛亮為劉氏集團謀劃的成熟期根據地，是西川五十四州的要害之地益州。「益州險塞，沃野千里，天府之國」，只要這樣一個地方，及其周邊地區，就完全可以長期滋養一個相當有規模的企業集團，當然要紮穩根基。諸葛亮對此也用了不少心血，但此時的情形已經和荊州時期大不相同，只要正常治理就可以了。

對企業來說，所謂根基，可以理解為基本資源、基本業務、基本市場等。企業要發展，必須紮穩根基，否則就可能無從發展，甚至停滯、倒退。根基未穩、盲目拓展而失敗的企業太多了，我們可以舉出許多例子。其中的一種形式是多元化，在原有業務基礎上，增加一種、甚至多種新的業務，結果新業務失敗，甚至拖垮了舊的業務；另一種是激進式擴張市場，市場的地理區間是擴大了，但有可能只是廣種薄收，市占率上不去，甚至把原本尚未紮穩根基的部分也拉下來。企業做單一業務有局限，但未嘗不可，世界500強中就有許多是做單一業務或連帶業務的。市場當然是市占率越高越好，但還是要把地域大小和所占比例放在一起考量，占大並不等於占多。

諸葛亮在占據荊州這塊根基之地上十分執著。東吳魯肅、諸葛瑾三番五次索要，他就是不給，找了不少藉口，有時候乾脆一躲了之，或者強詞奪理，擺臉色給人家看。就是在這件事上，周瑜說他是「奸滑之徒」。但孔明先生之所以甘願背上這樣的惡名也不還荊州，就在於它是劉氏集團的要害。對於借來的根基，諸葛亮尚且要紮得牢靠，我們自己拚搏出來的根基，當然應該紮得更加穩穩當當。

「沃爾瑪」這個名字，不僅美國人家喻戶曉，對全球許多人來說，也並不陌生。它在世界財富500強的行列中是龍頭老大，名列第一。有人把沃爾瑪這個全球最大的零售商喻作滾動的雪球，是的，沃爾瑪正是由於在不斷地「滾動著」，才得以不斷地開拓，不斷地壯大。但是，沃爾瑪的「滾動」並非盲目的，它有自身的「滾動策略」，也就是先牢牢地紮穩根基，然後再謀求發展。

1950年，沃爾瑪的創始人山姆·沃爾頓（Sam Walton）在美國的阿肯色州本頓維鎮開了一家5到10元的小小零售店，本頓維當時是一個較為荒僻的鄉下小鎮。經過一番苦心經營，小店的生意逐漸興隆，此後，沃爾頓又在另一個小鎮費頁特維開了一家「沃爾頓廉價商店」。他在廉價商品上做文章，想方設法購進一些既能彰顯商店特色，又能吸引顧客的廉價商品，他親自開車購貨，車裡往往被貨物塞得滿滿的。女人穿的緊身褲、尼龍絲襪、時髦的涼鞋、風靡一時的呼拉圈等，應有盡有，都是被他看好的商品。在那個小鎮上，沃爾頓的商店常常顧客盈門，他的那些廉價商品非常迎合顧客的購買心理，同時又能滿足他們的生活所需。長此以往，商店的名氣越來越大，生意也越來越興隆，看到顧客們蜂擁而上選購貨物的情景，沃爾頓心裡又在盤算著開張下一家商店。

沃爾頓的下一家店將開在哪裡呢？他又該向何方驅車送貨呢？人們發現他鎖定的目標還是小鎮。對此，有些人感到好奇，有些人甚至瞧不起。他們認為，想把生意做大，應該向大城市挺進，只是在小鎮上打轉的話，經營的目光未免太短淺。殊不知這正是沃爾頓獨到的經營策略。小鎮正是經營發展的根基，這是他經過冷靜的思考、清醒的判斷之後，所決定的。在他看來，想在零售業中有所發展，首先得有自己生存的根據地，這樣一來，在激烈的市場競爭中，才能站穩腳跟，也才能進一步開拓，否則，即便一時間出現經營奇蹟，最終也會像美麗的泡沫，長久不了。沃爾頓認為，在大城市裡，大型零售商雲集，如果沒有一個牢固的根基而躋身其中，恐怕很快就會被「吞」掉，而小鎮是他們所忽視、遺忘的潛在市場，這也正是自己經營發展的根基，所以應該把這個根基紮穩。於是，沃爾頓便一個一個地開拓小鎮市場，用他自己的話說，即便是少於 5,000 人的小鎮，也照開不誤。

就這樣，沃爾瑪這個「雪球」，在沃爾頓的帶領下，先在自己的根據地變大、變強，然後向州、向地區、向全美，乃至於全球，持續地「滾動」著。

長存憂患意識，方可基業長青

古人云：「生於憂患，死於安樂。」人尚如此，一個企業又何嘗能夠跳出這個規律？企業的發展軌跡總是在曲折中前進的，在強手如林的競爭社會裡，哪個企業敢「高枕無憂」？然而，憂患不能只是停留在腦子裡，停止在「憂心忡忡」的舉止上，而是要付諸決策。所謂「未雨綢繆」、「防患於未然」，就是要在「綢繆」和「防」字上下功夫。身為一個主管，要具備這樣的眼光 —— 能夠看到企業潛伏的威脅和危險；還要具備這樣的智慧 —— 讓所有的威脅和危險都消弭在萌芽狀態中。

諸葛孔明思慮周詳，憂患意識他有，未雨綢繆也做得相當不錯。

話說劉備自從立下興復大志以來，東拚西殺，受盡屈辱。身邊雖有關、張二將，無奈其有勇無謀，難當大任。因此，劉備才思賢若渴，夢寐求之。幸好蒼天有眼，終於讓他逮住了一條臥龍。據說這臥龍先生孔明有經天緯地之才，自比管仲、樂毅。你聽聽，自己就把自己比作古代二位賢人，加上謙虛的成分，那肯定有過之而無不及吧？因此，劉備喜出望外，那顆久懸之心，也「咚」地一聲落了下來，渾身都有「終於找到靠山」的感覺，心情能不舒暢嗎？不僅舒暢，甚至還有點忘乎所以。一日，有人送犛牛尾至，玄德取尾親自結帽，孔明入見，正色曰：「明公無復有遠志，但事此而已耶？」玄德投帽於地而謝曰：「吾聊假此以忘憂耳。」孔明曰：「明公自度以曹操若何？」玄德曰：「不如也。」孔明曰：「明公之眾，不過數千人，萬一曹兵至，何以迎之？」玄德曰：「吾正慮此事，未得良策。」孔明曰：「可速招募民兵，亮自教之，可以待敵。」玄德遂招新野之民，得三千人，由孔明朝夕教演陣法。諸葛亮的憂患並非空穴來風，有後事為證。劉備被東吳招親之後，與孫夫人軟玉溫香，真的就有點不思荊州、迷失壯志了；而與之相比，後主劉禪更是不僅少才，品性也有不少缺陷。因此，諸葛亮北伐上〈出師表〉，其中也頗多擔憂——親賢臣，遠小人，此先漢所以興隆也；親小人，遠賢臣，此後漢所以傾頹也。先帝在時，每與臣論此事，未嘗不嘆息痛恨於桓、靈也！侍中、尚書、長史、參軍，此悉貞亮死節之臣也，願陛下親之、信之，則漢室之隆，可計日而待也……陛下亦宜自謀，以諮諏善道，察納雅言，深追先帝遺詔。

劉備自出道以來，未得賢人扶助，所以一直雖有大志，卻未成氣候。得到可以「安天下」的伏龍孔明後，劉備稍有寬心，有點大功告成的感覺。所以，別人送來犛牛尾，他就編起帽子來（這種裘皮帽想必是當時的流行裝飾）。此事被諸葛亮看見，責問了他幾句，讓劉備頓感無顏。諸葛亮勸其在新野招兵買馬，後來曹軍進攻新野時，這些兵馬派上了大用場。從諸葛亮責問劉備中，我們不難看出，諸葛亮欲扶助之人，絕不是庸庸泛泛之輩。他見劉備這樣，職責所在、前途所繫，他不能不提醒，否則玩物必然喪志；而劉備聞聽孔明言語，知道自己犯了原則性錯誤，但他不迴避，說出緣由，與軍師共同協商，由此可以看出，劉備還算具有一代明主風範。總之，在這件事情上，諸葛亮直言無忌，劉備虛懷納言，可說是君臣間的合作默契。

劉禪這位皇子雖然也經過顛沛流離、艱難困苦，但他卻不像曹操的兒子曹丕、司馬懿的兒子司馬昭，在嚴峻的生活中養成堅忍的性格和卓越的才幹，反而是走了相反的方向。對此，劉備深知，因此他臨終託孤時說如果劉禪託不起來，諸葛亮就應該自己稱帝；諸葛亮也深知這位小老闆的德性，所以上表出征時，一而再幫他打「預防針」。自己在他身邊，方便諫阻；北伐後離他遠了，這位小老闆獲得自由，誰知道會做出什麼事情來。由此看來，諸葛亮的憂患意識很強烈，未雨綢繆的工作也肯定做了不少。可惜只有他自己在那邊憂患、老闆不憂患，所以後來蜀漢被魏晉滅了。老闆劉禪到新公司當個有虛銜、無實權的部門經理，但他還是不憂患，原來他樂不思蜀，全無心肝。

任何人都可能有缺陷、歧誤，如果不能及時修正完善，必留後患。當你發現上司、老闆或朋友的某些致命缺點或隱患時，如果誠懇地提出看法或意見，於人於己都有裨益。我們在生活和工作中，都要做到未雨綢繆，諸事都要提前做好準備，以防臨事時措手不及，避免不必要的損失。我們看到的那些總是踏著成功坦途的人，其實在風光的背後，不知做了多少未雨綢繆的功夫。

同樣，我們也總是看到一些著名企業巍然挺立了百年，總是感嘆這些企業一定有什麼讓基業長青的祕訣。其實，哪裡有祕訣？如果有，那就是長存憂患意識、常未雨綢繆。正是有憂患意識，他們能及時發現問題；正是因未雨綢繆，他們能搶先一步，占盡先機。

「江山難打更難守」、「創業難守業更難」，許多人都有這種感覺，但只要長存憂患意識，做到未雨綢繆，就能逢凶化吉、基業長青；否則，亡羊補牢，為時晚矣。

史密斯（Roger Smith）接任通用汽車（General Motors）總經理，並不是受命於危難之際，而是通用汽車公司衝破困境、走向發展的時期。統計數據顯示，1984 年，通用汽車公司在美國 500 家最大工業公司的名單中名列第二，僅次於埃克森美孚（ExxonMobil Corporation，簡稱 EM）。這一年，通用汽車公司售出各類型車共 830 萬輛，總銷售額達 839 億美元，獲得利潤 45 億美元；同時，由於 80 年代以來，石油價格不斷下跌，美國人似乎又可以放心地使用汽油了，於是「美國式」舒適而豪華的大轎車又興盛起來。在這良好的局勢下，公司的經理們理應吐口氣，安穩過日子，可是身為總經理的史密斯卻沒有這樣想。他記取公司曾發生過的危機的教訓，深知這樣的大公司，如果長久地滿足於現狀，不未雨綢繆，是很難穩坐世界第一寶座的。於是，史密斯從公司的長遠利益出發，做出兩項重大決策。

第一項決策，是不惜投下幾十億美元的鉅額資金，成立一家全新的汽車製造公司 —— 釷星汽車（SATURN）。釷星汽車的第一批產品在 1987 年秋推出。投產後的釷星，每年可生產 40 ～ 50 萬輛小轎車，其主力設備是經過改進的自動化設備，生產出的小轎車，無論在車型、成本和品質方面，均可與日本車一爭高下。

在釷星計畫未實現之前，為了與日本轎車競爭，史密斯未雨綢繆，採取美國企業界通常會使用的策略，即「如果你不能戰勝他們，你就加入他們」，與日本豐田公司簽訂協議，在加州的佛利蒙裝配廠生產 25 萬輛豐田設計的轎車，並以通用的「雪佛蘭（Chevrolet）」車牌，在美國市場出售。除了豐田以外，通用還與日本的「鈴木（SUZUKI）」、韓國的「大宇（Daewoo Motors）」和「現代（Hyundai）」等汽車公司簽訂協議，用「通用」的品牌出售他們的汽車。

第二項決策，是決定用 25 億美元的巨資，買下德州儀器（Texas Instruments），其目的是利用電子數據系統的電腦技術，推進釷星計畫，使諮詢部門作業標準化，避免大量的文件和報表延誤的時間，從而讓公司的決策迅速而準確。收購德州儀器後，通用汽車生產的電子化、資訊化相關設備發展很快，到今天，通用汽車早已實現了汽車裝配線的完全電子化。

正因為史密斯在通用汽車公司順利發展的時期，高瞻遠矚、居安思危、未雨綢繆，才使該公司在原來的基礎上又前進了一步，又一次煥發出青春光彩。

千萬不要知不可為而強為之

對企業領導者來說，公司擴張、強大是他們夢寐以求的。也是，誰不想獨霸天下、縱橫寰宇呢？但這是不現實的，哪一家企業都不可能獨得天下。除了國家壟斷型企業，哪家企業又能占盡天下市場？所以這件事想想就好，如果硬要強行實踐，只會落得灰頭土臉、甚至大敗而亡的結果。

諸葛亮看得相當清楚，我們說出的這些皮毛道理，孔明先生哪能不曉？但縱觀孔明一生，卻多有知不可為而強為之者，並且因之而積勞成疾、身死命殞。個中緣由到底是為了什麼呢？

話說諸葛孔明在漢中「兵強馬壯，糧草豐足，所用之物，一切完備，正要出師」，恰巧傳來東吳陸遜大敗魏都督曹休之事，便上表乘機出征，這表便是歷史上有名的〈後出師表〉。其中表達出師之意後，又「謹陳其事如左」，陳了六番「臣之未解」（連他諸葛亮也弄不明白），最後說夫難平者，事也。昔先帝敗軍於楚，當此之時，曹操拊手，謂天下已定。然後先帝東連吳、越，西取巴、蜀，舉兵北征，夏侯授首，此操之失計，而漢事將成也。然後吳更違盟，關羽毀敗，秭歸蹉跌，曹丕稱帝，凡事如是，難可逆見。臣鞠躬盡瘁，死而後已；至於成敗利鈍，非臣之明所能逆睹也。卻說諸葛亮因朝中大臣李嚴拖延糧草，在節節勝利之時不得不班師回漢中。孔明回到成都，用李嚴子李豐為長史；積草屯糧，講陣論武，整治軍器，存恤將士，三年然後出征。兩川人民軍士，皆仰其恩德。光陰荏苒，不覺三年，時建興十二年春二月。孔明入朝奏日：「臣今存恤軍士，已經三年。糧草豐足，軍器完備，人馬雄壯，可以伐魏。今番若不掃清奸黨，恢復中原，誓不見陛下也！」後主日：「方今已成鼎足之勢，吳、魏不曾入寇，相父何不安享太平？」孔明日：「臣受先帝知遇之恩，夢寐之間，未嘗不設伐魏之策。竭力盡忠，為陛下克復中原，重興漢室，臣之願也。」後來，姜維繼承諸葛亮的遺志，說是不忘北伐、興復之事。征西大將軍張翼諍諫，姜維說：「今吾既受丞相遺命，當盡忠報圖以繼其志，雖死而無恨也。」但事情並不順利，也頗令人費解，就連敵方將領也問姜維說：「魏與吳、蜀，已成鼎足之勢；汝累次入寇，何也？」

劉備三顧茅廬，諸葛亮隆中對策，幫劉氏集團規劃的發展方案是「先取荊州為家，後即取西川建基業，以成鼎足之勢，然後可圖中原」。在這裡，孔明先生的目標基本上是魏、蜀、吳三家分別分布在中原、西蜀、東吳三個地方，形成所謂「鼎足之勢」，而劉氏集團在此便可以三分天下有其一；至於別的，則是「然後」的事情，並非必須去做。之後，在眾多的場合，諸葛亮描述的都是這種三國鼎立的形勢，可見他對劉氏集團的「最大化」前景是清楚明瞭的，而其他一些有識之士，與他的觀點也基本一致。比如水鏡先生司馬徽說諸葛亮「得其主，不得其時」，不過是在說劉氏集團弄到三分天下有其一就不錯了，時勢使然，勉強不來的。到劉備稱帝的時候，三國鼎立局勢已然形成，劉氏集團不僅三分天下有其一，而且擁有的地盤恐怕比原來預想的還多，諸葛亮早期所作策略規劃完滿實現。

其實，諸葛亮也知道所謂「復興漢室」不過是一句口號，不可能的。然而，在劉備臨終遺命之後，這些都變了。劉備的遺命是復興漢室，而不止於三分天下，因此，諸葛亮便要「北定中原，以還舊都」，便要「恢復中原，重興漢室」。他第一次上表北征時，太史譙周曾加諫阻，說「丞相深知天文，何故強為？」諸葛亮答以「天道變易不常，豈可拘執？」其他時候，諸葛亮是極其重視天象的，這次卻否定了，可見這不過是一句推託之詞，他之所以「強為」，正是由於先帝的遺命，而他要盡忠守信，於是就連「天道」也顧不得了，他並非不曉天道，只是因為拘泥於先帝遺命，才說「天道變易不常」。其實，他也知道不顧「天道」的結果，他在表中說「至於成敗利鈍，非臣之明所能逆睹」，其實就是在說「很難成功」。要知道，這之前的諸葛亮是從未如此喪氣過的。如果不是堅信他忠貞不貳、恪盡職守的品德，我們簡直就要說：「諸葛亮這傢伙分明是在為打敗仗而預伏開脫之詞嘛！」

為什麼企業不可以像諸葛亮管理的劉氏集團那樣勉強興復漢室呢？原因有二：一是企業短時間之內的快速、大規模擴張，必然使其內部產生諸多不協調，比如管理制度跟不上，企業文化建設遠遠滯後等，這種不協調就像一部大機器的齒輪咬合不好一樣，必然會出現問題；另一個因素則是企業經營應該是有極限的，不可能想做多大就做多大，其原因有外部的，當然更有內部的。

魏、蜀、吳三國之中，應屬蜀漢發展最快，其前期發展的限制性因素主要來自外部，但後期內部因素亦日益突出，待到關羽失地身死、張飛虐兵殞命、劉備為弟報仇，已經有些不可收拾。還是諸葛亮的經營管理才能挽救了蜀漢，經營得日漸富足，管理得日漸安樂，恢復元氣。如果就此下去，三國鼎立的局面不一定不能長期維持下去，就這一點，劉禪說的也沒錯。可是諸葛亮偏要抱著劉備的遺詔不放，知不可為而強為之，本來局勢不錯的蜀漢反而成了最先滅亡的一個。

諸葛孔明先生尚且如此，我輩安可知不可為而強為之？

美國 WT 格蘭特公司曾經一度輝煌，躋身於美國大型零售公司的行列。但 1975 年 10 月 2 日，對格蘭特來說是一個黯淡無光的日子，這一天，公司申請了破產。這個昔日如日中天的佼佼者，為何落得日落西山的下場呢？

這必須從 1968 年任格蘭特總經理的理查．邁耶說起。1968 年，年輕的理查擔任格蘭特的總經理，「新官上任三把火」，對理查來說，他燒了一把很旺的火，那就是擬定了一個使格蘭特迅速發展的龐大計畫，並且迅速付諸實施。

按照理查所描繪的公司發展宏偉藍圖，格蘭特立即走上擴大規模的道路，迅速新建許多零售商店。與當時美國的其他零售公司相比，格蘭特新建商店的速度是驚人的，不但數量在不斷增加，且建設週期也在逐步縮短，週期最短者僅有 60 天。格蘭特呈現出一種迅速發展的態勢。

伴隨著新建商店如雨後春筍般地湧現，格蘭特的銷售額也呈上升趨勢。公司的銷售額在理查任職的短短三年內一路飆升，比以往成長了 5 億美元。正當理查沾沾自喜之時，有一個問題引起一些投資者的關注：公司的銷售額三年之內迅速上升，與此相反，公司的利潤卻在不斷下降。很明顯，由於商店的迅速發展，商店的開張支出也在不斷加大，因而利潤隨之下降。而且當時公司無論在人力、物力，還是財力的承受能力，都無法跟上公司如此迅速發展的步調。

對此，理查也意識到了，但是，他並沒有就此停損，反而又提出一個更加盲目冒險的發展計畫 —— 到 1972 年，使公司達成 200 億美元銷售額。1972 年並沒有達成 200 億美元銷售額，一直到了 1973 年，格蘭特的銷售額增加到 180 億美元，但利潤卻下降了 78%。此時格蘭特經營日漸困難，已呈現出不景氣的局面，但整體卻仍然朝著擴大經營規模的方向挺進，直至走向毀滅的深淵。

是敵是友？對手亦可成合作夥伴

商場如戰場，如果說有什麼差別，就是商場上的競爭對手尤其多，可謂高手如林。大家虎視眈眈，一心想吞掉對手，一家獨大。物競天擇，適者生存，經過多輪角逐，隨著時間的流轉，有的日漸強大，有的一蹶不振，淪於倒閉。

競爭是常態，但競爭對手的角色有時候是可以轉化的，敵人可以成為朋友，朋友也可能成為敵人，關鍵是如何處理好利益關係。在敵強我弱的形勢下，聯合競爭對手，應對共同的敵人，不失為上上之策。但如何讓對手成為合作夥伴呢？請看諸葛孔明是怎麼做的。

劉備請諸葛亮做了軍師，在博望坡火燒曹軍，大獲全勝。但從整體性考量，博望坡之役畢竟只是一個小勝，難改敵強我弱的大局。就連坐鎮東南的孫權都懼怕曹操幾分，何況被打得東逃西竄、寄人籬下的劉備？在這種態勢下，諸葛亮主張聯合孫權，共同抗曹。於是，諸葛亮隨魯肅來到東吳，孫權降階而迎，優禮相待。施禮畢，賜孔明坐。眾文武分兩行而立。魯肅立於孔明之側，只看他講話。孔明致玄德之意畢，偷眼看孫權，碧眼紫髯，堂堂一表。孔明暗思：「此人相貌非常，只可激，不可說。等他問時，用言激之便了。」獻茶已畢，孫權曰：「多聞魯子敬談足下之才，今幸得想見，敢求教益。」孔明曰：「不才無學，有辱明問。」權曰：「足下近在新野，佐劉豫州與曹操決戰，必深知彼軍虛實。」孔明曰：「劉豫州兵微將寡，更兼新野城小無糧，安能與曹操相持。」……權曰：「今曹操平了荊、楚，復有遠圖乎？」孔明曰：「即今沿江下寨，準備戰船，不欲圖江東，待取何地？」權曰：「若彼有吞併之意，戰與不戰，請足下為我一決。」孔明曰：「亮有一言，但恐將軍不肯聽從。」權曰：「願聞高論。」孔明曰：「曏者宇內大亂，故將軍起江東，劉豫州收眾漢南，與曹操並爭天下。今操芟夷大難，略已平矣；近又新破荊州，威震海內；縱有英雄，無用武之地；故豫州遁逃至此。願將軍量力而處之，若能以吳、越之眾，與中國抗衡，不如早與之絕；若其不能，何不從眾謀士之論，按兵束甲，北面而事之？」權未及答。孔明又曰：「將軍外託服從之名，內懷疑貳之見，事急而不斷，禍至無日矣！」權曰：「誠如君言，劉豫州何不降操？」孔明曰：「昔田橫，齊之壯士耳，猶守義不辱。況劉豫州王室之胄，英才蓋世，眾士仰慕。事之不濟，此乃天也，又安能屈處人下乎！」孫權聽了孔明此言，不覺勃然變色，拂衣而起，退入後堂。眾皆哂笑而散。孔明為什麼要惹孫權生氣？並非失言，而是故意為之。孔明故意說出降曹的好處，是順了孫權的「降曹」心理，但又說明劉備不能降曹的理由，等於變相罵孫權是懦夫，孫權怎麼能不生氣？但讓孫權生氣不是目的，激將才是真意，所以，當孫權得知孔明勸其降曹是假、有錦囊妙計是真時，便重新「邀孔明入後堂，置酒相待」。數巡之後，權曰：「曹操平生所惡者：呂布、劉表、袁紹、袁術、豫州與孤耳。今數雄已滅，獨豫州與孤尚存。孤不能以全吳之地，受制於人。吾計決矣。非劉豫州莫與當曹操者；然豫州新敗之後，安能抗此難乎？」孔明曰：「豫州雖新敗，然關雲長猶率精兵萬人；劉琦領江夏戰士，亦不下萬人。曹操之眾，遠來疲憊；近追豫州，輕騎一日夜行三百里，此所謂『強弩之末，勢不能穿魯縞』者也。且北方之人，不習水戰。荊州士民附操者，迫於勢耳，非本心也。今將軍誠能與豫州協力同心，破曹軍必矣。操軍破，必北還，則荊、吳之勢強，而鼎足之形成矣。成敗之機，在於今日。唯將軍裁之。」權大悅曰：「先生之言，頓開茅塞。吾意已決，更無他疑。即日商議起兵；共滅曹操！」遂令魯肅將此意傳諭文武官員，就送孔明於館驛安歇。

劉備是白手起家的。想當初，別說「興復漢室」，連一塊立足之地都沒有。憑他的幾隊人馬、幾員大將，如何對抗得了如狼似虎的曹軍勁旅？無法對抗，又不願投降，只能選擇聯合抗敵的方法。但是，要聯合也並非易事，特別是與本來的對手聯合，如果沒有共同的利益驅使，就更不可能。聯合之道，就在於求同存異，曹氏集團對於孫、劉來說都是勁敵，獨自抗曹，哪一家都不是對手，如果都不願降，那麼聯合就是剩下的唯一選擇。因此對劉氏集團來說，如何打消東吳降曹的念頭，就成了聯盟的第一步，所以諸葛亮隻身前往東吳遊說孫權。

諸葛亮見孫權後，先從形象上判斷他是一個什麼樣的人物，這種能力對於判斷局勢至關重要，是孔明每到一處最先使用的法寶。孫權身為一國之主，是否抗曹，仍在猶豫，其原因在於對曹操仍抱有一線希望。認為降曹後，自己可以坐擁江東。這與劉備的志向不同，要說服孫權，必須從這一點入手。因此，見面後，孔明細說曹操勢大，打著滅劉的旗號，實質是虎視江南，東吳和劉備的關係是唇亡齒寒，最後又用劉備比孫權，意在告訴孫權：「你太沒有骨氣了，學學劉備吧！」如此一激，使其在認清局勢中，上了抗曹的「賊船」，這便是成功的第一步，意在動搖其信念；隨後，孔明又分析曹軍的一些不利因素，這一步意在鼓動孫權的鬥志。如此一來，孫權和周瑜態度轉而明確，孫劉聯盟形成。

聯盟是利在雙方的事情，但其中總有一方會因利益重大而急於聯盟。在這種情況下，急於聯盟的一方，不可因為事情緊急而主動去要求聯盟，那樣反而會被另一方視為有求於己。因此最好的辦法，是敲一敲對方的痛處，讓他知道自己目前的處境，意識到聯盟的必要，從內心也萌發出聯盟的願望，而當雙方的想法有了共同點後，任何一方的借勢聯盟，都會被視為順理成章。我們可以這樣講，聯盟雖然是利益共享，但如果方法不當，聯盟則會變成乞求、共享則會淪為恩賜。在這一方面，諸葛亮確實做得天衣無縫。

在現代商戰中，競爭的各方實力參差不齊，有聲名顯赫、實力雄厚的大財團，它們屬於「強」的一方；而更多的中小企業，其財力人力均有限，屬於較弱的一方。這些實力較弱的企業為了免遭「弱肉強食」的結局，往往會以各種方式聯合起來，以群體的實力來與「強敵」抗衡，從而達到保護自己的目的。

但是，僅僅是運用「合縱抗強」的謀略來保護自己，未免過於消極被動，還容易被「強」方分化瓦解，各個擊破。在競爭日趨激烈的商戰中，人們又創造性地賦予這個謀略新的內涵，「合縱」一方不再總是處於守勢，而且還能抓住「強」方的弱點和失誤，集中群體的實力，主動出擊，最終戰勝強敵。

值得注意的是，競爭對手之間的聯營合作，有利於協調一致、互幫互助、扶危濟困、共存共榮，而避免互相殘殺。有競爭對手的存在，才有自己企業發展的動力；故意毀滅競爭對手，歸根到底也是毀滅了自己。所以，企業之間的競爭，應該是在競爭中互滋互補求聯盟，在合作中你追我趕求發展，這應該是現代企業商戰的根本原則之一。

1970 到 1980 年代，在香港上演的一幕幕港資財團與英資財團的龍爭虎鬥，充分展現「合縱抗強」的內涵。

1977 年初，李嘉誠憑著手中雄厚的資金，參加屬於香港舊郵政總局地段、中區地下鐵中環站和金鐘站上蓋的興建權競標，戰勝了包括香港置地公司在內的 30 多家競爭對手。同年 4 月，李嘉誠動用 2.3 億港幣現金，收購美資永高公司股票 1,048 萬股，創下港資財團吞併外資財團的先例。

李嘉誠在收購美資永高公司後，又向老牌英資集團挑戰，首先收購英資怡和下屬臺柱 —— 九龍倉的股票。李嘉誠一貫堅持「從穩健中求發展」的經營方針，不願意冒很大風險公開向歷史悠久、實力雄厚的怡和較量，也無意於拿下九龍倉而得罪匯豐銀行。於是，1978 年 7 月，在中環文化閣一間幽密的客廳裡，李嘉誠悄然約見與英資爭奪九龍倉的另一個資金雄厚的中資財團董事長「船王」包玉剛，主動將自己的 1,000 多萬股九龍倉股票全部轉賣給他，從而讓「船王」奪得九龍倉的控制權；接著，李嘉誠又收購英資青洲英坭有限公司股份，擁有該公司的股份達 36%，從而出任青洲英坭有限公司董事長的職務。

1979 年，李嘉誠把握香港上海匯豐銀行出售老牌英資財團「和記黃埔」股權的時機，大量吸納「和黃」股票，到 1980 年 11 月，李嘉誠的「長江實業」已擁有超過 40%的「和黃」股權。1981 年元旦，李嘉誠正式出任和記黃埔有限公司董事長，成為在香港華人入主英資財團的第一人。「長實」以 6.93 億港元的資產，成功地控制了價值 50 億港幣的老牌英資財團 —— 和記黃埔有限公司。香港輿論界對李嘉誠的成功，形容為「蛇吞大象」、「石破天驚」。

以退為進，捨小利謀求大發展

人人都想前進，人人都想發展，但前進、發展並不會總是直線的，難免曲折，難免坎坷。曲折、坎坷是前進、發展的常態，因此，退守、避繞也就在情理之中。所謂以退為進，有時是時機未到，需要等待；有時是割捨部分利益，以謀求整體利益；有時是退出一個無利可圖的領域或市場，開拓新的產業……無論如何，退僅是進的方法而已。

諸葛亮深諳兵法，以退為進的策略爛熟於心，運用得手。三國鏖戰中，我們更常看到的是他左右逢源、處處得利，或賢德之利，或戰勝之利，或漁翁之利……誰知道，這孔明先生退守讓利起來，也大方得很，東吳屢次索要荊州，他和劉、關等不是耍賴就是撒潑，總之就是不給，可有一次卻主動割讓了：

在三國之爭中，失意時就利用東吳、得志時就與東吳搶地盤，這是諸葛亮的慣用伎倆。不過通常他都會留一點餘地，不至於與東吳徹底決裂，比如當曹操欲取西川時，諸葛亮又在打東吳牌，想借東吳之力「圍魏救趙」。不過，這次他耍的花招是「歸還三郡」。卻說西川百姓，聽知曹操已取東川，料必來取西川，一日之間，數遍驚恐。玄德請軍師商議。孔明曰：「亮有一計，曹操自退。」玄德問何計。孔明曰：「曹操分軍屯合淝，懼孫權也。今我若分江夏、長沙、桂陽三郡還吳，遣舌辯之士，陳說利害，令吳起兵襲合淝，牽動其勢，操必勒兵南向矣。」玄德問：「誰可為使？」伊籍曰：「某願往。」玄德大喜，遂作書具禮，令伊籍先到荊州，知會雲長，然後入吳。到秣陵，來見孫權，先通了姓名，權召籍入。籍見權禮畢，權問曰：「汝到此何為？」籍曰：「昨承諸葛子瑜取長沙等三郡，為軍師不在，有失交割，今傳書送還。所有荊州南郡、零陵，本欲送還；被曹操襲取東川，使關將軍無容身之地。今合淝空虛，望君侯起兵攻之，使曹操撤兵回南。吾主若取了東川，即還荊州全土。」權曰：「汝且歸館舍，容吾商議。」伊籍退出，權問計於眾謀士。張昭曰：「此是劉備恐曹操取西川，故為此謀。雖然如此，可因操在漢中，乘勢取合淝，亦是上計。」權從之，發付伊籍回蜀去訖，便議起兵攻操。雖然東吳清楚諸葛亮的真實意圖，但還是按他的意圖做了，因為這是上上之策。看來，諸葛亮使出這一手也是很有根據的。

俗話說：「沒有永久的朋友，也沒有永久的敵人。」對立雙方之間的相互聯盟和攻擊，全是因為利益的需求。就蜀、吳關係為例，當年赤壁大戰時，孫劉聯盟，這是為了各自的生存需求；當曹操大敗、劉備借取荊州時，孫劉聯盟發生危機，雙方矛盾激化；後曹操平漢中、欲進西川時，諸葛亮主動結束對立，並以三郡去以蚓投魚，誘使孫權出兵攻擊曹操，解自己之圍；當孫權知道自己能在這場鬥爭中得到好處時，也順應了諸葛亮的聯合主張，出兵攻曹。從諸葛亮割讓三郡中，我們可以得到一個啟示——凡事必須從大處著眼。有時為了整體利益，暫時放棄部分利益是完全必要的。

以退為進，是軍事的謀略，也是為人處世的韜晦之術。在我們身邊，不管是朋友還是敵人，雙方關係並非一成不變，聰明人會因利益關係而把對手變成朋友，使朋友成為對手，這種關係的轉變，雖然使人感到遺憾，但卻是利益的準則。因此，在逐利中，要把利益和人情解體，最後在謀利中結交新朋友。

在激烈、複雜的商界競爭中，利害相連，得失相關。當處於困境時，如果只想進而不思退，企圖處處得利，那就會處處被動。在這裡要注意兩點：一是暫時的讓步是為了保全，而不是軟弱。如果做得好，讓出的利益可以成為誘餌，釣出大魚來；做得不好，也不過是扔掉一些魚餌，聰明者先保全自己，再圖更大的利益，才是上策。二則是應該懂得讓步是與人合作的必要手法，各讓一步，大家才能找到共同點。能進能退是智者的風範，而在商戰中尤其應該掌握這些原則。

「退一步，海闊天空」，這簡短的警語隱含著深刻的哲理，在進一步走投無路的情況下，後退一步則有了生存的機會，有了迴旋的餘地；後退一步可以麻痺勁敵，尋找戰機，為再進一步、轉敗為勝創造有利條件。退是方法，進是目的，手段與方法屬於策略性的範疇，而進才是最終的策略目的，方法是為目的而服務的，有什麼樣的目的，就要有什麼樣的方法。

商界的好多敗局，問題就出在不懂得以退為進。這固然有一個局勢判斷是否準確的問題，但大多數時候還是經營者被雄心壯志蠱惑、被光明前景誘惑、或是僥倖心理作祟所致。這個時候，就要沉靜、平和下來，守一時，或者退一步，以守伺機，以退為進。

美國波音公司（The Boeing Company）推銷產品時，非常注意在必要時作出讓步。從 1985 年 6 月下旬至 8 月下旬的兩個月內，全球連續發生三起波音飛機的空難事件，一系列空難事件使波音公司備受打擊，華爾街波音公司的股票價格猛挫。這三次空難事件中，以發生在日本的空難事件最讓波音公司如坐針氈，手忙腳亂。此時，波音公司正與西歐「空中巴士

（Airbus SE）」爭奪日本全日空的一筆大生意，由於雙方飛機效能在先進性和可靠性的差異不大，以至於全日空在挑選訂貨對象時猶豫不決。當此關鍵時刻，波音公司接連現醜，在一般人看來，波音公司在這次商戰中是輸定了。

面對不利的局面，波音公司立即緊急動員，採取措施。為了解除買方的戒心，波音公司除了繼續推行「貨真價實」的推銷戰術外，還採用了「全方位進攻」的策略，提出便利的財務處理、零配件的供應、飛機的保養以及機組人員培訓等方面的優惠條件，以引起買方的興趣。此外，早期波音公司為了站穩日本市場，曾選擇三菱、川崎和富士三家日本著名重工業公司，合作製造 767 機身部分。空難事件後，波音公司把「誘餌」加大，一邊向合作廠商提供價值 5 億美元的製造訂單；一邊主動提出願意與日本人合作，建造一種 150 座的 767 型客機，與「空中巴士」的 A320 型客機相抗衡。波音公司的這一系列讓步和優惠措施，獲得日本企業家的好感，最終戰勝了空巴公司，在空難事件五個月後，與全日空正式簽訂了合約，成交金額在 10 億美元以上。

世界運動鞋大王菲爾．奈特（Philip Knight）創業初期，因為缺乏資金，不得不多方尋找可以出資的平臺。他先找了幾家美國的製鞋廠，要求進行合作，但都遭到拒絕。在萬般無奈的情況下，奈特把目光投向國外，找到日本製鞋商鬼塚虎。這位日本商人認為這是一個在美國發財的機會，於是同意合作，達成了協議：由日本製造，美國設計經銷。耐吉公司的雛形因此誕生 —— 以 1,000 美元為本金、200 雙運動鞋為敲門磚，耐吉的藍綬帶公司在它未來的成功之旅上啟航。

創業之路充滿艱辛，沒有報酬不說，奈特與合夥人，經常把住家當作庫房、以推銷車為辦公室，甚至是以垃圾場為店面，以殯儀館廢料做包裝，經歷了風餐露宿的慘淡經營，方才在弱肉強食的環境中勉強立足。而眼見產品銷售情況良好，鬼塚虎卻提出了苛刻要求：購買公司 51%的股票，並要在五名董事中占兩個名額，奈特斷然拒絕。不久，藍綬帶公司找到了新的製造商，公司名稱也正式變更為耐吉公司，從此走向輝煌。

虛虛實實，以策略贏得競爭

故意向對方露出破綻，或者「實而虛之」，就是把自己打扮成一個弱者、不堪一擊的草包。為什麼要「實而虛之」？這是為了要麻痺對方的意志，鬆懈對手的警惕性，當對方中計之後，奮起一擊，以實擊虛，確保全勝。為求此計成功，一要讓自己裝得像，這一點很重要，否則就會落入別人「將計就計」的圈套；二則是要保證自己確實有實力，否則就不用與人對抗，自尋死路。

諸葛亮是策略大師，又被周瑜稱作「奸滑之徒」，虛虛實實、真真假假的一套，對他而言自然是相當嫻熟的。

劉備三顧茅廬請到諸葛亮後，聘其為軍師。曹操降伏劉表、得到荊州後，揮軍南下，直指劉備和孫權。當時劉備駐紮在新野，曹軍夏侯惇領兵攻新野，軍至博望坡。孔明派趙雲為先鋒，讓他們呈現軍容不整的狀態，遙望軍馬來到，惇忽然大笑。眾問：「將軍為何而笑？」惇曰：「吾笑徐元直在丞相面前，誇諸葛亮為天人；今觀其用兵，乃以此等軍馬為前部，與吾對敵，正如驅犬羊與虎豹鬥耳！吾於丞相前誇口，要活捉劉備、諸葛亮，今必應吾言矣。」遂自縱馬向前。趙雲出馬。惇罵曰：「汝等隨劉備，如孤魂隨鬼耳！」雲大怒，縱馬來戰。兩馬相交，不數合，雲詐敗而走。

夏侯惇從後追趕。雲約走十餘里，回馬又戰，不數合又走。韓浩拍馬向前諫曰：「趙雲誘敵，恐有埋伏。」惇曰：「敵軍如此，雖十面埋伏，吾何懼哉！」遂不聽浩言，直趕至博望坡。一聲炮響，玄德自引軍衝將過來，接應交戰。夏侯惇笑謂韓浩曰：「此即埋伏之兵也！吾今晚不到新野，誓不罷兵！」乃催軍前進。玄德、趙雲退後便走。

時天色已晚，濃雲密布，又無月色；晝風既起，夜風越大。夏侯惇只顧催軍趕殺。于禁、李典趕到窄狹處，兩邊都是蘆葦。典謂禁曰：「欺敵者必敗。南道路狹，山川相逼，樹木叢雜，倘彼用火攻，奈何？」禁曰：「君言是也。吾當往前為都督言之；君可止住後軍。」李典便勒回馬，大叫：「後軍慢行！」人馬走發，那裡攔當得住？于禁驟馬大叫：「前軍都督且住！」夏侯惇正走之間，見于禁從後軍奔來，便問何故。禁曰：「南道路狹，山川相逼，樹木叢雜，可防火攻。」夏侯惇猛省，即回馬令軍馬勿進。言未已，只聽背後喊聲震起，早望見一派火光燒著，隨後兩邊蘆葦亦著。一霎時，四方八面，盡皆是火；又值風大，火勢越猛。曹家人馬，自相踐踏，死者不計其數。趙雲回軍趕殺，夏侯惇冒煙突火而走。

諸葛亮曾經是一位躬耕壟畝的農夫。劉備請其出山，時人稱為「一介村夫」，含有輕視之意，而面對這種看法，他卻充耳不聞。在與新對手交戰時，諸葛亮有意抓住對方的傲慢，故意派出隊伍不齊、軍旗亂倒的陣容，引得對方更加輕視，待對方中了自己的圈套、以大隊人馬攻擊時，諸葛亮再吩咐兵卒佯敗，更讓人增強了不堪一擊的印象，無形中又加劇了對方的進攻欲望。這是一種以假象誘敵的計謀，它的前提是對方不了解己方虛實和計謀。在這種情況下，諸葛亮一方看似在節節敗退，實則在一步步逼近勝利；夏侯惇一方看似在節節勝利，實則在失敗的路上越走越遠。結果正像諸葛亮所預料的那樣，夏侯惇因輕敵而大敗。

商界的競爭，當然更多的是發生在同行業之間，實而虛之這種向對手示弱、迷惑對手的策略，也只能施用於同行業的競爭對手。商場如戰場，商場競爭固然要靠實力，但策略也是十分重要的。而且相對於實力的拚殺來說，策略的應用成本低、損失小，獲益卻可能是硬拚所不及的。因此，即便是那些實力相當強大的商界大廠們，也十分青睞策略性競爭。比如可口可樂與百事可樂的競爭，柯達與富士的競爭等。

諸葛亮是謀略大師，一生之中，這兵不厭詐的虛虛實實、真真假假策略，不知用過多少次。博望坡初用兵，劉氏集團的實力本來就不強，用這種實而虛之的計謀很合適，也很能欺騙對手。劉氏集團強大之後，諸葛亮照樣使用這樣的計謀，不僅指示部將們使用，自己有時候也加入到其中來，讓一隊不整不齊的部屬推他出來迎敵，敵人來了，則丟下那輛四輪車就跑，一副丟盔卸甲的狼狽模樣。諸葛亮使用這樣的計謀，總能屢用屢勝。

如果說企業大廠們有時候用不著虛虛實實、真真假假這類策略，那麼對於實力較弱的中小企業來說，面對強大的競爭對手，多動動腦子、多用用計謀，則是必須的。因為只有這樣，才能不被對手吃掉，進而戰勝對手。與勁敵鬥智，根本要訣在於鬆懈他的注意力，使他自然產生輕視的心理，給自己贏得較好的發展空間，乘其不備而攻城略地，邁向成功。

當然，這種虛虛實實、真真假假的計謀與直接的、赤裸裸的欺騙不同，它是透過一系列假象有意識地誤導對方的思維，使對方先在主觀上形成輕敵念頭，從而掌握競爭主動權，輕易地達到自己的目的。

「兵者，詭道也」；商者，詭道亦無不可。

可口可樂公司（The Coca-Cola Company）和百事可樂公司（PepsiCo Inc.）是美國兩大飲料企業，多少年來一直為搶奪市場而進行激烈的競爭。其中百事可樂的「挑戰」運動，和可口可樂的反擊非常精彩。

百事可樂於 1974 年開始發起「百事挑戰」運動。做法是讓可口可樂的忠實飲用者進行盲飲測試，並拍攝、記錄他們飲用時的反應，以做進一步觀察。經過反覆測試發現，可口可樂的忠實飲用者們，在這些盲飲測試中，有半數以上都聲稱他們更喜歡百事可樂的味道。

各種報導顯示，「百事挑戰」運動從 1970 年代中期開始掀起時，就困擾著可口可樂的董事們。1985 年 4 月 23 日，可口可樂突然宣布要改變沿用了 99 年之久的老配方，採用剛剛研製成功的新配方，並聲稱要以新配方再創可口可樂在世界飲料行業中的新紀錄。他們用了 3 年時間，耗資 500 萬美元，進行了 20 餘萬人次的口味調查和飲用測試，其中 55%的人認為新配方味道較好。同時，該公司也收到無數抗議信件和 1,500 多通抗議電話，甚至還有人舉行示威，反對改用新配方。這些反應，樂壞了對手百事可樂的老闆。

但是，88 天之後，正當百事可樂的老闆樂不可支時，可口可樂董事長突然宣布，為了尊重老顧客的意見，公司決定恢復老配方的生產，並將老配方重新取名為「古典可口可樂」；同時，考量到消費者的需求，新配方的可口可樂將也同時繼續生產。訊息傳出，美國各地的可口可樂愛好者為之雀躍，老顧客紛紛狂飲老牌的可口可樂，而新顧客則競相購買新配方可口可樂。一時之間，新舊可口可樂銷售量比往年同期成長 8%，可口可樂的股票每股猛漲 2.57 美元，百事可樂的股票卻下跌了 0.75 美元。

可口可樂的這齣戲，好就好在「假戲真唱」，故意露出破綻，本來就不欲放棄的老配方可口可樂，因此而有了「新生」的感覺，而藉機丟擲的新配方可口可樂，又滿足了追求新奇感的顧客需求，這是讓百事可樂的老闆怎麼也想不到的。

Mild Seven（柔和七星）是國際香菸市場上的一個知名品牌，這種原產自日本的香菸，在開拓國際市場時著實下了一番苦功。

Mild Seven 的老闆是個精明的生意人，他十分清楚自己的香菸品質是一定能夠在國際市場上站穩腳跟的，但是他也明白 Mild Seven 的國際知名度還不夠，如果急於把產品放進櫃檯裡和萬寶路（Marlboro）等老牌子爭鋒，那麼吃虧的肯定是自己。於是他採取一種掩人耳目的方法：首先他在世界各大城市物色許多代理商，透過代理商，每月定時向當地有名的醫生、律師、作家、藝人等社會名流寄贈兩條 Mild Seven 香菸，並宣告如果對方覺得不夠，還可多寄一些。

Mild Seven 的這一舉動果然沒有引起國際香菸市場的足夠重視，許多大牌香菸甚至認為 Mild Seven 只是在垂死掙扎而已，根本不予理會。

此時，Mild Seven 的老闆非常高興，因為事情正按照計畫一步一步地進行；時機成熟後，他又透過各地的代理商，向受贈香菸的人寄去表格，徵求他們對這種香菸的意見，而各地回饋的結果都非常好，許多人表示他們十分喜愛 Mild Seven 的口味，甚至上了癮。Mild Seven 的老闆趁熱打鐵，立即命令所有代理商停止寄贈香菸，於是，那些抽慣 Mild Seven 的人，只好乖乖掏錢買菸了。漸漸地，越來越多上層人士抽起 Mild Seven，而 Mild Seven 也搖身一變成為高貴身分的象徵，銷量越來越好。

Mild Seven 成功挺進國際市場後，國際香菸的許多大牌廠商才恍然大悟，後悔當初被其矇蔽，沒有將其扼殺在萌芽狀態。如今，Mild Seven 的全球總銷量已經位居世界第二，許多曾經的大牌不得不望其項背，徒然驚嘆了。

攻心為上，利兵何須血刃

「攻心為上」是古今兵家的常勝法寶。不以「打垮對方」、僅以市占率決定勝負的商戰，更應該重視心戰，而商業攻心術所攻的是廣大消費者千差萬別、日新月異的心理。所以，在經營活動中，要善於掌握消費者的心理規律，注重從心理上征服對方，使消費者心甘情願購買你的產品，甚至成為企業或品牌的忠誠顧客。

諸葛亮在劉氏集團的軍政大事之中，也熟稔地運用了「攻心為上」的謀略。這謀略對競爭對手來說是比兵刃還鋒利的武器，可以奪人性命；對部屬、臣民來說則是比鐵鏈還牢固的束縛，可以收服人心。

話說諸葛亮南征蠻寇，首戰告捷，擒了蠻王孟獲，魏延解孟獲到大寨來見孔明。孔明早已殺牛宰羊，設宴在寨；卻教帳中排開七重圍子手，刀槍劍戟，燦若霜雪；又執御賜黃金鉞斧，曲柄傘蓋，前後羽葆鼓吹，左右排開御林軍，布列得十分嚴整。孔明端坐於帳上，只見蠻兵紛紛穰穰，解到無數。孔明喚到帳中，盡去其縛，撫諭曰：「汝等皆是好百姓，不幸被孟獲所拘，今受驚唬。吾想汝等父母、兄弟、妻子必倚門而望；若聽知陣敗，定然割肚牽腸，眼中流血。吾今盡放汝等回去，以安各人父母、兄弟、妻子之心。」言訖，各賜酒食米糧而遣之。蠻兵深感其恩，泣拜而去。誰知道這孟獲不肯投降，說是要放他回去再整軍馬，一決雌雄，如果那時候還是被抓，才會降服。諸葛亮依言放了他，不久又擒又放，一直到七擒七縱。最後一次抓到孟獲，諸葛亮依然要人幫他解了縛，讓他和那些一起被抓來的蠻王、洞主在別的軍帳喝酒壓驚。這時，忽一人入帳謂孟獲曰：「丞相面羞，不欲與公想見。特令我來放公回去，再招人馬來決勝負。公今可速去。」孟獲垂淚言曰：「七擒七縱，自古未嘗有也。吾雖化外之人，頗知禮義，直如此無羞恥乎？」遂與兄弟妻子宗黨人等，皆匍匐跪於帳下，肉袒謝罪曰：「丞相天威，南人不復反矣！」孔明曰：「公今服乎？」獲泣謝曰：「某子子孫孫皆感覆載生成之恩，安得不服！」

再說諸葛亮北伐中原，連取三城，又收降姜維，逼得魏主曹叡派曹真率二十萬大軍前來祁山迎敵。曹軍中有個叫王朗的，任魏國的司徒，已經七十六歲，當然拿過炎漢的薪水。諸葛亮抓住這一點，一通臭罵，直罵得這王朗「氣滿胸膛，大叫一聲，撞於馬下，一命嗚呼」。

建興八年秋，曹真率兵二次伐蜀，不巧天降大雨，致使道路泥濘，行軍不暢，不得不悻悻撤退。歸途中，曹真恨天怨人，憂憤於心，竟生大病，臥於軍中。而蜀漢那邊，孔明正議進兵，忽有細作報說曹真臥病不起，現在營中治療。孔明大喜，謂諸將曰：「若曹真病輕，必便回長安。今魏兵不退，必為病重，故留於軍中，以安眾人之心。吾寫下一書，教降兵持與曹真，真若見之，必然死矣！」遂喚降兵至帳下，問曰：「汝等皆是魏軍，父母妻子多在中原，不宜久居蜀中。今放汝等回家，若何？」眾軍泣淚拜謝。孔明曰：「曹子丹與吾有約；吾有一書，汝等帶回，送與子丹，必有重賞。」魏軍領了書，奔回本寨，將孔明書呈與曹真。真扶病而起，拆封視之。其書曰：

漢丞相、武鄉侯諸葛亮，致書於大司馬曹子丹之前。竊謂夫為將者，能去能就，能柔能剛；能進能退，能弱能強。不動如山岳，難測如陰陽；無窮如天地，充實如太倉；浩渺如四海，眩曜如三光。預知天文之旱澇，先識地理之平康；察陣勢之期會，揣敵人之短長。嗟爾無學後輩，上逆穹蒼；助篡國之反賊，稱帝號於洛陽；走殘兵於斜谷，遭霖雨於陳倉；水陸睏乏，人馬猖狂；拋盈郊之戈甲，棄滿地之刀槍；都督心崩而膽裂，將軍鼠竄而狼忙！無面見關中之父老，何顏入相府之廳堂！史官秉筆而記錄，百姓眾口而傳揚：仲達聞陣而惕惕，子丹望風而遑遑！吾軍兵強而馬壯，大將虎奮以龍驤；掃秦川為平壤，蕩魏國作丘荒！

曹真看畢，恨氣填胸；至晚，死於軍中。

攻心謀略，首先是由孫子提出來的。孫子在《孫子兵法·謀攻》中說：「百戰百勝，非善之善者也；不戰而屈人之兵，善之善者也。」「故善用兵者，屈人之兵而非戰也。」孫子認為，戰爭應務求「全勝」，「全勝」不僅要依靠強大的軍事力量和靈活機動的策略戰術，而且要善於從政治上和精神上征服敵人，奪其心志，以達到獲得戰爭「全勝」的目的，「不戰而屈人之兵」。

如何實現攻心謀略呢？孫子提出「上兵伐謀」、「三軍可奪氣」、「將軍可奪心」的策略和方法。後來，吳起在此基礎上提出以「道」、「義」、「禮」、「仁」四種「德政」來征服人心，反對單純依靠戰爭力量來降服人心。

諸葛亮之所以能夠在各次戰役中獲得勝利，最主要的原因是他能夠抓住對方的弱點，並想盡各種方法給予擊破，找準機會狠下殺手。陣前罵死曹魏司徒王朗就是一個例子，另一個例子則是用一封信氣死曹真，對於曹真，諸葛亮看到他的弱點是好勝、驕傲，想在魏國建立奇功，當伐蜀無功時，心中便悶著一股氣，最後病倒軍中。諸葛亮得知這一情況後，覺得可以殺死曹真的機會來了，於是便修書一封，不動刀槍，便把曹真氣死，真的是「輕搖三寸舌」、「雄才敵萬人」。

罵死人、氣死人這種攻心戰術，在諸葛亮身上固然不少，但也只應該算是特例。攻心謀略的目的更在於收服人心。諸葛亮一擒孟獲以後，首先就把蠻兵全都放了，還賜給酒食米糧，正是在攻心；其後對孟獲七擒七縱，同樣也是在攻心，這樣到最後，孟獲等蠻兵蠻將都對孔明感恩戴德，發誓不再反叛，還幫孔明立了生祠，四時享祭，稱他為「慈父」。這種效果，用商場上的話來說，就是牢牢占據了一方市場，獲得了一大批「鐵粉」。

企業經營管理中的攻心策略，同樣大有用武之地。管理學中有管理心理學，當然是為管理者從心理上進行管理提供依據和方法。企業管理中的激勵，其實就運用了心理學的原理，其中的一部分又都是指向精神的；經營領域有行銷心理學、消費行為學，也是以心理學原理為基礎，提供行銷活動理論依據和方法。在這裡，攻心的謀略運用相當廣泛，舉凡定價、廣告、推銷、展示以及其他所有行銷手法，都離不開攻顧客之心。比如定價中的吉利數字、零頭、高價高折等；廣告中涉及品味、地位、親情等；銷售端的情境布置等，都是衝著消費者的心理去的，也往往能夠收到良好的效果。

「攻心為上」，意味著攻好了心會成功，也意味著攻不好會失敗。這就要求企業經營管理者要能夠準確掌握競爭對手或消費者的心理特點，切中要害，不出偏差；同時又適可而止，以免招致反抗心理。如果攻得不好，不僅不可能有所收效，反而會把事情弄得更糟。

攻心謀略，作用的是心，卻也就不僅僅是有謀略就夠了。人與人的交往（也包括企業與消費者的交往），有時候並非一定要用什麼計策、方法，一片赤誠反倒可能更易交心。人心微妙，人心難測，攻心還是要多用心。

消費者的心理是千變萬化的，要準確掌握並非易事。美國克萊斯勒汽車公司就曾誤認為消費者買車是基於理性的選擇，而犯了行銷史上最嚴重的錯誤。

1950 年代初期，美國的汽車多以「肥胖型」為主，由於車輛的增加，使得街道和停車場總是塞得滿滿的。消費者開始呼籲車廠製造一種少占空間、駕駛座較短的車型，由於這項調查意見的誤導，克萊斯勒以為「肥胖型」汽車的時代已經過去了，消費者需要的是高雅瘦長的「清瘦型」，於是便大力推進這種車型的生產。

結果又怎樣呢？在經過一番轟轟烈烈的宣傳之後，克萊斯勒在汽車市場的占比不但沒有增加，反而從 1951 年的 26%降到了 1954 年的 13%。

沉重的打擊使公司不得不懸崖勒馬，尋找癥結。原來，消費者喜歡的其實是「短身寬形」的車型，他們買車並沒有考慮更多。因此，克萊斯勒對車型再次作了改進，並在此基礎上開發了一系列新產品，終於在汽車業激烈的競爭中站穩了腳跟，成為美國第三大汽車公司。

「上帝」的種種非理性行為弄得商人們無所適從，似乎無計可施，但克萊斯勒的經驗告訴我們，只要能夠動一下腦筋，便能巧妙地利用「上帝」的任性，出其不意地占領主動地位。

快一步海闊天空

商戰中，你爭我奪的大多是「機緣」兩字，大家都瞄準它，一旦它現形，便都飛身前去。因此，許多人都恨不得在機緣尚未現形時就前行一步，希望可以抓住機緣，占盡先機，接下來或許就可以四兩撥千斤，讓許多事情迎刃而解。

什麼事一旦決定，馬上就付諸實施，是優秀商人的共同本質，審時度勢，然後付諸行動，這就是最出類拔萃的企業家所具有的真正才能和共同特點。管理劉氏集團眾多業務的諸葛亮，當然具備這樣的品質，他的快有如疾矢，有如迅雷。

在曹魏多次伐蜀時，諸葛亮也在謀求攻打魏國。兩次北伐，都因陳倉之故而罷兵。陳倉，成了孔明北伐的絆腳石、攔路虎。孔明尚憂陳倉不可輕進，先令人去哨探。回報說：「陳倉城中郝昭病重。」孔明曰：「大事成矣。」遂喚魏延、姜維分付曰：「汝二人領五千兵，星夜直奔陳倉城下；如見火起，併力攻城。」二人俱未深信，又來告曰：「何日可行？」孔明曰：「三日都要完備；不須辭我，即便起行。」二人受計去了。又喚關興、張苞至，附耳低言，如此如此。二人各受密計而去。

卻說魏延、姜維領兵到陳倉城下看時，並不見一面旗號，又無打更之人。二人驚疑，不敢攻城。忽聽得城上一聲炮響，四面旗幟齊豎。只見一人綸巾羽扇，鶴氅道袍，大叫曰：「汝二人來的遲了！」二人視之，乃孔明也。二人慌忙下馬，拜伏於地曰：「丞相真神計也！」孔明令放入城，謂二人曰：「吾打探得郝昭病重，吾令汝三日內領兵取城，此乃穩眾人之心也。吾卻令關興、張苞，只推點軍，暗出漢中。吾即藏於軍中，星夜倍道徑到城下，使彼不能調兵。吾早有細作在城內放火、發喊相助，令魏兵驚疑不定。兵無主將，必自亂矣。吾因而取之，易如反掌。兵法云：『出其不意，攻其無備。』正謂此也。」魏延、姜維拜伏。

孔明謂魏延、姜維曰：「汝二人且莫卸甲，可引兵去襲散關。把關之人，若知兵到，必然驚走。若稍遲便有魏兵至關，即難攻矣。」魏延、姜維受命，引兵徑到散關。把關之人，果然盡走。二人上關才要卸甲，遙見關外塵頭大起，魏兵到來。二人相謂曰：「丞相神算，不可測度！」

俗語說「退一步，海闊天空」，固然是理；其實，有時候快一步也可以海闊天空。也就是說，搶占先機，同樣可以贏得勝利。

諸葛亮用兵，常常能出其不意，以速取勝。就說這次「暗渡陳倉」，他先派魏延和姜維出征攻打陳倉，限他們在三天內出發。從表面上看行軍不急，意在讓陳倉知道，來攻軍隊尚需幾日，也就是所謂的「明修棧道」；另一方面，又派關興、張苞連夜襲擊，讓陳倉守兵來不及準備，加之郝昭病重，陳倉很快攻下。當魏延、姜維到時，又吩咐他們突襲散關，當兩人取了散關，尚未卸甲，就見魏軍已經來到。度陳倉、襲散關，兩次戰鬥行動急如星火、一氣呵成，難怪魏延和姜維認為「丞相神算，不可測度」。從整體上看，諸葛亮用兵不僅取城獲關，而且也能夠利用戰事團結、折服自己的將領，可謂為一舉多得。

諸葛亮突襲陳倉，在兵法上稱為「兵貴神速」。兩千年前，韓信的策士蒯通以其名言對為什麼「兵貴神速」作了最好的注解：「時者難得而易失，時乎時，不再來！」時機的珍貴，就在於其總是來得那麼少、停得那麼短、去得那麼快。因而，能夠分享時機的人，就只能是馬上行動、走在前頭的少數人。

蒯通還告誡人們：「時至不行，反受其殃。」時機是結果，時勢是根本。抓住時機者往往也得時勢，順勢而為，則左右縱橫、得心應手；失去時機者，則可能迫於時勢而一時被動，處處被動。時至不行，便會不知不覺地陷入苦海無邊的惡性循環。

商場猶似戰場，同樣注重「兵貴神速」的原則。在現代商業活動中，快速蒐集情報、傳遞資訊，快速更新產品、投入市場，可處處搶占先機，掌握主動權，贏得大收益。如果隨潮流，步人後塵，則必然先機盡失。現在的社會瞬息萬變，變得多、變得快，需要迅速抓住時機的能力。單就這個意義來說，金融資本的地位已經較以前貶值了不少，而智力資本的地位則得到極大的提升。之所以如此，是因為當今世代靠智力資本同樣可以把企業經營得很好，近年來在世界財富排行榜上露臉的那些新鮮人們，靠的更多的是智力資本。當然，這智力資本中的一個要素，就是識別和搶占先機的能力，看看這些年隨 IT 產業的發展而異軍突起的重頭企業和這些企業的起落沉浮，就不難明瞭這一點。

商貴神速，一是要求競爭決策的形成要快，一旦發現了趨勢，就要即時把握，迅速制定出相應的策略；如果慢慢研究，等決策做出，則早已時過境遷，只能望時機而興嘆了。二則是決策方案的實施要快，決策一經作出，就要迅速付諸實施，因為競爭中存在著許多不確定的因素，稍有遲疑，就可能使原本非常傑出的決策構想，在片刻間變得一文不值。三是決策的執行節奏要快，方案的實施，每個環節都涉及執行的問題，迅速執行，很快就可以得到成果；如果拖拖拉拉，有可能想得早、動得早，卻成得晚、得的少。

時間資源對競爭者來說是有限且寶貴的，善於利用時間的人，會從無形的時間中獲得效益。貝里．里奇和沃爾特．戈德史密斯在所著《英國十大富豪成功祕訣》一書中談道：這十大富豪「都毫無例外地將自己視為策略家，較之於大多數企業人士，這種自負是有道理的。但是，如果將他們的成功歸因於深思熟慮的能力和高瞻遠矚的思想，那就失之謬誤了。他們真正的才能在於他們審時度勢，然後付諸行動的速度。這才是他們最了不起的，這才是使他們出類拔萃、身居實業界最高、最難職位的原因。」

1990 年代中後期，網路的發展如火如荼，分門別類、花樣百出的各種網站，如雨後春筍紛紛冒了出來。然而，網路使用者根本記不清如此紛繁蕪雜的網路名稱，這對網路的推廣和發展十分不利。此時，正就讀於史丹佛大學的賴利．佩吉（Larry Page）和謝爾蓋．布林（Sergey Brin）突發奇想：如果有一種強大、有效的搜尋引擎，能迅速與網際網路連結，那麼使用者上網查詢數據將更方便、更快捷。想得到，要做得到。1998 年，佩吉和布林向親友借來 100 萬美元，在加州租了一間小屋和車房當作辦公室，正式成立自己的搜尋引擎網站 —— google。

布林和佩吉透過複雜的數學程式和龐大的電腦數據庫，將大量的資訊按一定的標準排序，使用者只要鍵入所查尋的資訊主題，google 將立即連結相關的網頁及照片。

這種新型搜尋技術的出現，改變了網路使用者搜尋數據的方式，得到大批網友的鍾愛。google 甚至不用做廣告、不用貼海報，僅透過網友的口耳相傳，就樹立起自己的品牌。如今，全世界訪問量最大的四個網站中，有三家採用了 google 的搜尋技術、80%的網際網路搜尋，透過 google 或使用 google 技術的網站完成，而每月獨立訪問 google 的人次則超過 2,800 萬。旺盛的人氣讓 google 的盈利水漲船高，1999 年，google 的營業額僅為 22 萬美元，而到 2003 年，這個數字則翻了將近 5,000 倍，達到 10 億美元。

google 的成功引來了許多跟風者。這其中也包括名揚全球的微軟。然而 google 已先入為主，它簡單樸實的網站風格、方便快捷的搜尋服務已經深入人心，無可替代。在激烈的競爭中，google 始終保持領先的優勢，占領了大半的搜尋引擎市場，而微軟縱使強大，也只占有 15%的份額。

布林、佩吉以快致勝，短短的六年間，google 的品牌價值已達到 20 億美元，這是任何其他搜尋引擎網站都難以企及的。

在地化，開拓市場不能忘卻的策略

「在地化」，這似乎和《三國演義》沒有什麼關係；但如果知道了在地化是因應所謂「水土不服」而產出的經營策略，可能就不會那麼肯定了。找找，《三國演義》中確實有不少地方寫到水土不服，比如赤壁鏖戰時，曹軍來自北方的士兵對江南就有些水土不服。那麼，曹操運用在地化策略了嗎？

不說曹操，說諸葛亮。在地化策略，諸葛亮用了，而且用得非常成功，其中最典型的，是南征的那一段。

話說諸葛亮率軍征南蠻王孟獲，深入到了南蠻腹地。這時，軍士水土不服，諸葛亮以當地之法解之；地理路徑不明，請當地的嚮導引路；至於那裡的民情風俗，在南征之前他就已經瞭如指掌。正是因為深知那裡的民性，諸葛亮才對蠻王孟獲七擒七縱，使其心服口服。待到那孟獲完全被懾服，孔明乃請孟獲上帳，設宴慶賀，就令永為洞主。所奪之地，盡皆退還。孟獲宗黨及諸蠻兵，無不感戴，皆欣然跳躍而去。

長史費禕入諫曰：「今丞相親提士卒，深入不毛，收服蠻方；目今蠻王既已歸服，何不置官吏，與孟獲一同守之？」孔明曰：「如此有三不易：留外人則當留兵，兵無所食，一不易也；蠻人傷破，父兄死亡，留外人而不留兵，必成禍患，二不易也；蠻人累有廢殺之罪，自有嫌疑，留外人終不相信，三不易也。今吾不留人，不運糧，與相安於無事而已。」眾人盡服。於是蠻方皆感孔明恩德，乃為孔明立生祠，四時享祭，皆呼之為「慈父」；各送珍珠金寶、丹漆藥材、耕牛戰馬，以資軍用，誓不再反。南方已定。

劉氏集團攻城略地之後，諸葛亮大多採用當地官員繼續管理地方，尤其是對那些投降的城池郡縣，原班人馬一概不動。但是，大多數情況下，這些地方與劉氏集團起家的地方、立足的地方，民情風俗並無多少不同，文化上的水土不服並不明顯。因此可以說，諸葛亮留用地方官員，還不能說是典型的在地化；典型的在地化，是對南蠻之地的經營。

中國傳統上對於所謂「中土」之外，有南蠻、北狄、東夷、西戎之說，這些地區相互之間，民情風俗有一定的不同。比如諸葛亮南征的南蠻之地，就與中原風土頗為不同。對劉氏集團來說，打下這塊地盤並不難，卻不容易保住。這裡與蜀漢政權益州相距遙遠，中央政權不太可能給予強而有力的管理；同時，即便派官員、甚至連同駐軍一起去管理，也可能事倍功半。天高地遠與民情迥異兩個因素，決定了對南蠻的管理只能採取在地化策略。在費禕建議派中央官員與孟獲一起經營管理那裡的時候，諸葛亮沒有同意，他認為那樣做有「三不易」，在地化才是最正確，也最有效的方法。結果，證明諸葛亮的策略是成功的。

企業經營管理的在地化，有著豐富的內容。比如資源在地化，有些企業之所以在某地設廠，就是要利用那裡的物理資源和人才資源。比如市場在地化，因為某地有巨大的市場，所以才在那裡設廠經營，產品的目標市場就是當地。以某地為目標市場，意味著當地居民就成為企業產品的潛在顧客，因此，產品的在地化也就成為題中應有之義。如果企業的產品在有些方面有悖於當地的民情風俗，有悖於當地人們的生活習慣，那麼這種產品的市場前景就好不到那裡去；相反，如果企業產品切合當地人的口味，迎合了當地人的生活習慣，產品的前景當然可以看好。

產品在地化的特例可觀察嗜好品。比如香菸，烤菸型和混合型就因地方的不同而市場大有差別，在嗜好烤菸型的地方，硬要開啟混合型的市場，基本上不太可能；想進入那裡的市場，企業就要生產符合當地人口味的產品。再比如酒，不同地方的人們有不同的喜好，很少會被扭轉。

商界有過不少因為廣告內容、形式有悖於當地文化而導致市場開拓失敗的例子。這說明謀市場先要謀顧客，抓不住顧客，何談市場。在地化意味著企業對當地顧客的尊重，被尊重的顧客當然也不會吝嗇他們的回報。

日本山內豆腐公司在日本國內有著廣泛的知名度，然而長期以來，山內豆腐一直只做國內銷售，這大大限制了企業的發展。經過一番深思熟慮，山內豆腐的老闆決定拓展海外市場。

山內豆腐首先派人到美國實地考察。他們發現美國人的飲食習慣和烹飪方法與東方人相去甚遠，雖然美國人樂於接受這種低熱量、高蛋白的天然食品，但他們卻接受不了傳統的東方風味。同時，山內豆腐還了解到，在美國市場上已有來自朝鮮、韓國、中國甚至美國本土的人在經營豆製品，山內豆腐要想和他們瓜分市場，一定要出巧、出奇。

經過認真分析，山內豆腐提出了本土化經營的策略。公司決定，在美國設廠生產豆腐，製作適合美國人飲食習慣的產品，運用美國化的超級市場銷售方式。

山內豆腐的新產品投入市場後，又不失時機地請來知名醫生在電視媒體中宣傳豆腐的營養價值和保健作用，並介紹豆腐的美式烹飪方法和吃法。此舉不僅擴大產品的知名度，也迎合了美國人崇尚自然、健康的心理，收到很好的效果。

僅僅經過四年，山內豆腐就在美國市場上生了根。在市占率上，山內豆腐一直遙遙領先，以加州為例，山內豆腐的市占率已高達85%～90%，山內豆腐一躍成為全美最大的豆腐生產公司。

山內豆腐的在地化經營策略，為企業開拓出一片廣闊的海外市場，為企業帶來了巨大的經濟效益。此後，山內豆腐又繼續以本土化的策略推銷其他製品及保健飲料，同樣得到了美國人的認可，銷路很好。

可口可樂為了進入並擴展到世界市場，沒有採用大多數企業的傳統方法，即自己直接投資設立分公司和工廠，或以投資合營的形式控制兼併的新廠。可口可樂始終貫徹一種「地方主義」原則，採用與眾不同的獨特經營方法，即「許可證制度」。

可口可樂與當地的企業簽訂協議，授予當地企業從公司購買可口可樂原液的許可，以及在當地用原液配製、生產、銷售可口可樂和使用可口可樂專用商標的特權。當地可口可樂生產銷售企業的投資全部在當地籌集，企業從老闆到工人全部由當地投資者決定任免，並基本上全由當地人擔任，美國的可口可樂公司既不投資，也不出人。當地可口可樂從美國憑許可證購進原液，生產銷售的收入和利潤也全為當地企業所有，而可口可樂公司選擇的所在國投資者，都是當地具有良好信用和充裕資金的企業，可口可樂公司除了不投資、不出人之外，對企業的工廠建設、廣告宣傳及銷售，則提供一切必要的支持與協助。

可口可樂的地方主義原則還展現在凡是當地能夠生產的設備和原料，盡可能就地生產採購，絕不從美國或第三國進口。調配可口可樂時，除原液外的其他原料以及生產中所需的瓶子、封罐機、運輸工具、冷卻器、攪拌器、工作服等，全部要求在當地生產。但是無論在全世界的哪一地區，可口可樂都採取統一的促進銷售政策，生產、銷售、宣傳、員工教育訓練的基本方針原則，全部由美國可口可樂公司控制決定。這種在全世界範圍內步調一致的銷售政策，使可口可樂的市場覆蓋率和占有率不斷提升。

可口可樂利用當地外國人對美國產品的盲目崇拜心理，沒花總公司任何一毛錢的資本，奇蹟般地擴大了海外市場。

危急關頭方顯諸葛本色

戰場局勢瞬息萬變，無論謀劃得多麼周密，也不能悉數預料情勢變化所引發的事件。諸葛亮對於大小事情的謀劃堪稱周詳，但也不時地事出意外、身臨險境。《三國演義》裡寫他「大笑」固然夠多，寫他「大驚」卻也不少。為什麼會「大驚」？當然是因為遇到了相當危急的境況囉！但直到身死五丈原，諸葛亮遇事總是能化險為夷，雖屢涉險境，也總能全身而退，並不曾傷到半根汗毛；他的身死實在是嘔心瀝血、操勞過度的結果，與險境無關。諸葛亮何以能夠屢屢化險為夷？是因為他事前有所準備、事中有所提防、事發處斷得當。這一套功夫，就是現代經營管理中的危機管理。

說到諸葛亮的危機，我們眼前陡然浮現的恐怕就是那齣「空城計」，其實這空城計不過是諸葛亮北伐中原失街亭後一連串危機中的小小一環。

話說諸葛丞相謹記先帝遺命，胸懷「興復漢室」的大計不忘，隨時準備興兵北伐中原。誰料這曹魏新主曹叡中了蜀漢的計謀，把大都督司馬懿削職回鄉，諸葛亮認為時機來到，上了一道〈出師表〉，執意北伐。果然，沒有了司馬懿的曹魏不堪一擊，蜀漢大軍斬五將、取三城，收降姜維、罵死王朗，「累獲全勝」，諸葛亮「心中大喜」。可是誰知道曹叡不像劉備的後代阿斗那般怯懦無能，反而有點像是為「明主」，召回了司馬懿，不僅復職，還晉封他為平西大都督，諸葛亮頓時多加了幾分忌憚。

諸葛亮與司馬懿智慧在伯仲之間，均深知秦嶺之西的街亭為「咽喉之路」，宜早予圖謀。不想一生用人無算的諸葛亮，此番用了不稱職的馬謖，致使街亭痛失，蜀軍頓時陷入危機之中 —— 無糧道、無退路，不用一個月，不是餓死，就是被擒。此時的諸葛亮豈止「大驚」，而是「跌足長嘆曰：『大事去矣！』」

但諸葛亮畢竟是諸葛亮，他怕此事有所閃失，所以事前讓馬謖寫下軍令狀，分配兵馬後，又要撥一員上將去幫助他。這還不夠，孔明尋思，恐二人有失，又喚高翔曰：「街亭東北上有一城，名列柳城，乃山僻小路，此可以屯兵紮寨。與汝一萬兵，去此城屯紮。但街亭危，可引兵救之。」高翔引兵而去。孔明又思，高翔非張郃對手，必得一員大將，屯兵於街亭之右，方可防之，遂喚魏延引本部兵去街亭之後屯紮。延曰：「某為前部，理合當先破敵，何故置某於安閒之地？」孔明曰：「前鋒破敵，乃偏裨之事耳。今令汝接應街亭，當陽平關衝要道路，總守漢中咽喉，此乃大任也，何為安閒乎？汝勿以等閒視之，失吾大事。切宜小心在意！」魏延大喜，引兵而去。孔明恰才心安，乃喚趙雲、鄧芝分付曰：「今司馬懿出兵，與舊日不同。汝二人各引一軍出箕谷，以為疑兵。如逢魏兵，或戰、或不戰，以驚其心。吾自統大軍，由斜谷逕取郿城；若得郿城，長安可破矣。」二人受命而去。事情發生之後，諸葛亮跌足固然跌足、長嘆固然長嘆，但仍然陣腳不亂、舉措有致。急喚關興、張苞分付曰：「汝二人各引三千精兵，投武功山小路而行。如遇魏兵，不可大擊，只鼓譟吶喊，為疑兵驚之。彼當自走，亦不可追。待軍退盡，便投陽平關去。」又令張翼先引軍去修理劍閣，以備歸路；又密傳號令，教大軍暗暗收拾行裝，以備起程；又令馬岱、姜維斷後，先伏於山谷中，待諸軍退盡，方始收兵；又差心腹人，分路報與天水、南安、安定三郡官吏軍民，皆入漢中；又遣心腹人到冀縣搬取姜維老母，送入漢中。

危機管理是企業公共關係中的重要一環，嚴格來說，它不是指向內部，而是指向社會大眾的，這是因為，這裡的危機與大眾的反應密切相關，雖然並不僅僅因為大眾而存在，卻會因為大眾而放大，造成極其嚴重的影響，甚至可能讓企業造成毀滅性打擊。這樣的危機包括：產業性事故、產品被仿冒或篡改、產品失敗或品質有問題、危害性的謠言、聯合抵制行為、轟動性的訴訟事件……等。環顧我們周遭，輕易就可以舉出一連串此類事件：東芝（TOSHIBA）筆記型電腦存在缺陷、三菱 Pajero 車款存在隱患、杜邦（Du-Pont）鐵氟龍（teflon）鍋具（也就是不沾鍋）塗層傳聞有害健康，或是某上市公司違規操作、某企業資不抵債……等，任何時候，只要公司處於負面的大眾關注狀態，這種情形便可以算是危機狀態。此時，公司為處理危機、保住大眾信心、盡可能挽回損失所做的事情，就是危機管理。

諸葛亮的時代尚無現代意義的大眾傳媒，但大眾是存在的，發生危機，同樣會引起大眾的負面關注。因此，諸葛亮處理危機的方法，現代危機管理同樣可以借鑑，尤其是他面臨危機所表現出來的素養，更值得現代主管學習。就說方法吧！街亭一戰，諸葛亮事前有所準備，一是激馬謖，立下「若有差失，乞斬全家」的軍令狀，以此挾制他不遵軍令、魯莽行事；二是派「平生謹慎」的王平相助；三是命高翔屯紮列柳城；四是命魏延率領本部人馬去街亭之後屯紮；五是命趙雲、鄧芝各領一軍出箕谷，以為疑兵。其間，諸葛亮「即喚」、「又喚」、「遂喚」、「乃喚」，「尋思」、「又思」、「恰才心安」，而又叫人來吩咐，準備周詳。事中有所提防，一是讓王平畫了街亭的地形圖，速速送來；二是及至看了地圖，又要派人前去。可惜此時街亭、列柳城失陷之事都已發生，但事既發，諸葛亮又有所處斷：「急喚」、「又令」、「又密使」、「又令」、「又差」、「又遣」，一氣而有六種舉措，即時施行。結果，蜀軍全身而退，既沒有餓死，也沒有戰死太多，司馬懿「亮必被吾擒」的美夢也破滅了。

現代企業的危機管理與諸葛亮所作所為精神一致，方法不同。一般來說，在一個危機發生時，首先是追蹤事態的發展，掌握各方面的資訊，不能有一點遺漏；同時，在原有相關部門的基礎上，組織一個有相當層級的人士組成的團隊，建立一個處理危機的團隊，這個團隊要 24 小時保持工作，即時與各方溝通，包括媒體、顧客、合作企業（供貨商、經銷商、廣告商……）、政府相關部門等，同時也把企業的意見、措施等向大眾發布。為了溝通的方便，可設立發言人和 24 小時熱線電話。發布資訊，接受大眾的質詢；積極採取彌補、改進措施，挽回或控制損失，這裡的損失要先考量到顧客，其次才是自己的企業。

在危機狀態下，企業的言行一定要果斷、誠實、負責。有失誤，就要即時誠懇認錯；有誤傳，就要即時糾正闢謠，絕不能遮遮掩掩或等待謠言不攻自破，以求得大眾的認同和諒解。儘管事故的責任尚未弄清，但企業要先主動承擔，並不計一時之利，彌補顧客的損失，穩定人心，堅定顧客和大眾對企業的信心。與之相反，任何拖延、隱瞞和不負責任、患得患失的言行，都會火上澆油，毀滅大眾的信心，使危機一發而不可收拾。

其實，危機管理「功夫在詩外」，只靠危機出現之後的努力是不夠的。一個有規模的企業，平時就要有相關部門或專人負責此事，保障企業大眾溝通渠道的暢通；在企業文化中，要有關於社會責任和經營哲學方面的規範。一個大眾形象良好、久為大眾信任的企業，即使出現危機，也必能逢凶化吉、遇難呈祥的。

孔明管理學，古代謀士的現代企業經營法：
結合古代戰略到現代管理理論，從三國到商界的智慧轉化

作　　者：秦搏
發 行 人：黃振庭
出 版 者：財經錢線文化事業有限公司
發 行 者：財經錢線文化事業有限公司

E-mail：sonbookservice@gmail.com
粉 絲 頁：https://www.facebook.com/sonbookss/
網　　址：https://sonbook.net/
地　　址：台北市中正區重慶南路一段六十一號八樓 815 室
Rm. 815, 8F., No.61, Sec. 1, Chongqing S. Rd., Zhongzheng Dist., Taipei City 100, Taiwan
電　　話：(02)2370-3310
傳　　真：(02)2388-1990

印　　刷：京峯數位服務有限公司
律師顧問：廣華律師事務所 張珮琦律師

-版權聲明

定　　價：375 元
發行日期：2024 年 02 月第一版
◎本書以 POD 印製

國家圖書館出版品預行編目資料

孔明管理學，古代謀士的現代企業經營法：結合古代戰略到現代管理理論，從三國到商界的智慧轉化 / 秦搏 著 . -- 第一版 . -- 臺北市：財經錢線文化事業有限公司 , 2024.02
面；　公分
POD 版
ISBN 978-957-680-750-3(平裝)
1.CST: 管理科學 2.CST: 企業管理
494　　113000599

電子書購買

臉書

爽讀 APP